计算机科学与技术丛书

玩转Java

手把手教你
编写300个精彩案例

李永华　陈宏铭◎编著

清华大学出版社
北京

内容简介

本书提供了300个完整的Java案例，从算法上分为数学、搜索、回溯、递归、排序、迭代、贪心和动态规划等；从数据结构上分为字符串、数组、指针、区间、队列、矩阵、堆栈、链表、哈希表、线段树、二叉树、二叉搜索树和图结构等。本书针对经典算法，基于相关的数据结构，将问题描述、问题示例、代码实现及运行结果相结合进行讲解，逻辑清晰，内容丰富，可作为程序开发人员及其他IT从业者学习和提升算法能力的参考书，也可作为高校计算机相关专业的教材。

图书在版编目(CIP)数据

玩转Java：手把手教你编写300个精彩案例/李永华，陈宏铭编著. —北京：清华大学出版社，2023.7
(计算机科学与技术丛书)
ISBN 978-7-302-63975-6

Ⅰ. ①玩… Ⅱ. ①李… ②陈… Ⅲ. ①JAVA语言－程序设计 Ⅳ. ①TP312.8

中国国家版本馆CIP数据核字(2023)第117028号

策划编辑：盛东亮
责任编辑：钟志芳
封面设计：李召霞
责任校对：申晓焕
责任印制：杨　艳

出版发行：清华大学出版社
　　网　　址：http://www.tup.com.cn，http://www.wqbook.com
　　地　　址：北京清华大学学研大厦A座　　**邮　　编**：100084
　　社 总 机：010-83470000　　**邮　　购**：010-62786544
　　投稿与读者服务：010-62776969，c-service@tup.tsinghua.edu.cn
　　质量反馈：010-62772015，zhiliang@tup.tsinghua.edu.cn
　　课件下载：http://www.tup.com.cn，010-83470236
印 装 者：河北鹏润印刷有限公司
经　　销：全国新华书店
开　　本：186mm×240mm　　**印　张**：22.75　　**字　　数**：514千字
版　　次：2023年9月第1版　　**印　　次**：2023年9月第1次印刷
印　　数：1～1500
定　　价：89.00元

产品编号：100446-01

前言

FOREWORD

Java 语言是国内外广泛使用的计算机程序设计语言，是高等院校相关专业重要的基础课程。它具有功能丰富、使用灵活方便、应用面广、目标程序效率高、可移植性好等优点。20 世纪 90 年代以来，Java 语言迅速在全世界得到推广普及，是目前世界上优秀的程序设计语言之一。

本书是作者为适应当前教育教学改革的创新要求，更好地践行语言类课程注重实践教学与创新能力培养的要求而组织编写的。本书融合同类图书的优点，采取创新方式，精选 300 个趣味性、实用性强的应用实例，从不同难度、不同类型和不同数据结构对 Java 语言实际算法进行总结，希望对教育教学起到抛砖引玉的作用。

本书的主要内容和素材来自于各大互联网公司面试算法、LintCode、LeetCode、九章算法和作者所在学校近几年承担的科研项目成果。作者所指导的研究生在研究过程中对学习和应用的算法进行了总结，学生不仅学到了知识，提高了能力，而且为本书提供了第一手素材和相关资料。

本书内容由总到分，先提出问题后实践，将算法描述与代码实现相结合，可以作为从事网络开发和算法实现专业人员的技术参考书、大学信息与通信工程及相关专业的本科生的 Java 算法实现教材、程序员的算法提高手册，也可以为算法分析、算法设计、算法实现者提供帮助。

本书的编写得到了教育部电子信息类专业教学指导委员会、信息工程专业国家第一类特色专业建设项目、信息工程专业国家第二类特色专业建设项目、教育部 CDIO 工程教育模式研究与实践项目、教育部本科教学工程项目、信息工程专业北京市特色专业建设、北京市教育教学改革项目和北京邮电大学教育教学改革项目(2022SJJX-A01)的大力支持，在此表示感谢!

由于作者经验与水平有限，书中疏漏及不当之处在所难免，衷心希望各位读者多提宝贵意见，以便再版时进一步修改和完善。

李永华于北京邮电大学

2023 年 6 月

目录

CONTENTS

第一篇 编程入门

第二篇 实战提高

第三篇　高级编程

第一篇　编程入门

本篇针对 Java 语言中基本数据结构进行编程实现，主要介绍简单问题的处理方法，包括数组、链表、哈希表、堆、栈、树、图、队列、集合、字符、二进制、字符串、数据流及基于这些结构的简单变化。

实例 001　交换数组中的两个元素

1. 问题描述

给定一个数组 A 和两个索引，请交换数组中下标为这两个索引的元素。

2. 问题示例

输入：$A=[1, 2, 3, 4]$，index1=2，index2=3。

输出：交换后数组是[1,2,4,3]，不需要返回任何值，只要对数组进行交换即可。

3. 代码实现

相关代码如下：

```
import java.util.Arrays;
public class Main {
    public static void main(String[] args) {
        int[] A = {1, 2, 3, 4};
        int index1 = 2, index2 = 3;
        System.out.print("输入");
        System.out.println(Arrays.toString(A) + " " + index1 + " " + index2);
        swapIntegers(A, index1, index2);
        System.out.print("输出");
        System.out.println(Arrays.toString(A));
    }
    public static void swapIntegers(int[] A, int index1, int index2) {
        int tmp = A[index1];
        A[index1] = A[index2];
        A[index2] = tmp;
    }
    }
```

4. 运行结果

输入：[1,2,3,4]　2　3

输出：[1,2,4,3]

实例 002　输出第几个质数

1. 问题描述

给出质数 n，请输出它是数组中第几个质数。

2. 问题示例

输入：$n=3$

输出：2

注：对于[2,3,5]，3 是其中第 2 个质数。

3. 代码实现

相关代码如下：

```
public class Main {
    public static void main(String[] args) {
        int n = 3;
        System.out.println("输入" + n);
        System.out.println("输出" + kthPrime(n));
    }
    public static int kthPrime(int n) {
        boolean prime[] = new boolean[100009];
        for (int i = 2; i < n; i++)
            prime[i] = false;
        for (int i = 2; i < n; i++) {
            if (prime[i] == false) {
                for (int j = 2 * i; j < n; j += i)
                    prime[j] = true;
            }
        }
        int ans = 1;
        for (int i = 2; i < n; ++i) {
            if (prime[i] == false)
                ans++;
        }
        return ans;
    }
}
```

4. 运行结果

输入：3

输出：2

实例 003 求三个数之中的最大值

1. 问题描述

给定三个整数，求它们中的最大值。

2. 问题示例

输入：$a=1, b=9, c=0$

输出：9

注：返回三个数中最大的数。

3. 代码实现

相关代码如下：

```
public class Main {
    public static void main(String[] args) {
```

```
        int a = 1, b = 9, c = 0;
        System.out.print("输入");
        System.out.println(a + " " + b + " " + c);
        System.out.println("输出" + maxOfThreeNumbers(a, b, c));
    }
    public static int maxOfThreeNumbers(int a, int b, int c) {
        if (a >= b && a >= c) {
            return a;
        } else if (b >= a && b >= c) {
            return b;
        } else {
            return c;
        }
    }
}
```

4. 运行结果

输入：1　9　0

输出：9

实例 004　字母大小写的转换

1. 问题描述

将小写字母转换为大写字母。

2. 问题示例

输入：character＝a

输出：A

3. 代码实现

相关代码如下：

```
public class Main {
    public static void main(String[] args) {
        char character = 'a';
        System.out.println("输入" + character);
        System.out.println("输出" + lowercaseToUppercase(character));
    }
    public static char lowercaseToUppercase(char character) {
        return (char) (character - 'a' + 'A');
    }
}
```

4. 运行结果

输入：a

输出：A

实例 005 找出数组中出现次数最多的数字

1. 问题描述

在给定的数组中找到出现次数最多的数字。如果出现次数最多的数字不止一个，则返回其中最小的数字。

2. 问题示例

输入：array＝[1,1,2,3,3,3,4,5]

输出：3

3. 代码实现

相关代码如下：

```
import java.util.Arrays;
import java.util.HashMap;
import java.util.Map;
public class Main {
    public static void main(String[] args) {
        int[] array = {1, 1, 2, 3, 3, 3, 4, 5};
        System.out.println("输入");
        System.out.println(Arrays.toString(array));
        System.out.println("输出");
        System.out.println(findNumber(array));
    }
    public static int findNumber(int[] array) {
        Map<Integer, Integer> counter = new HashMap<>();
        int length = array.length;
        int answer = 0;
        int maxNumber = 0;
        for (int i = 0; i < length; i++) {
            if (!counter.containsKey(array[i])) {
                counter.put(array[i], 1);
            } else {
                counter.put(array[i], counter.get(array[i]) + 1);
            }
            if (counter.get(array[i]) > maxNumber) {
                maxNumber = counter.get(array[i]);
                answer = array[i];
            } else if (counter.get(array[i]) == maxNumber && array[i] < answer) {
                answer = array[i];
            }
        }
        return answer;
    }
}
```

4. 运行结果

输入：[1,1,2,3,3,3,4,5]

输出：3

实例 006　返回 Excel 表的列号

1. 问题描述

给定 Excel 工作表中显示的列名称，以字符串的形式表示，返回其对应的列号。

注： Excel 工作表中显示的列名称为 A，B，C，…，Z，AA，AB 的列，对应的列号分别为 1，2，3，…，26，27，28。

2. 问题示例

输入：s = AB

输出：28

3. 代码实现

相关代码如下：

```
public class Main {
    public static void main(String[ ] args) {
        String s = "AB";
        System.out.println("输入");
        System.out.println(s);
        System.out.println("输出");
        System.out.println(titleToNumber(s));
    }
    public static int titleToNumber(String s) {
        int res = 0;
        for (int i = 0; i < s.length(); i++) {
            res += Math.pow(26, s.length() - 1 - i) * (s.charAt(i) - 64);
        }
        return res;
    }
}
```

4. 运行结果

输入：AB

输出：28

实例 007　返回尾部 0 的个数

1. 问题描述

给定一个整数 n，返回 n!（n 的阶乘）尾部 0 的个数。

2. 问题示例

输入：n = 5

输出：1

注： 5! = 1×2×3×4×5 = 120，故 5!尾部 0 的个数为 1。

3. 代码实现

相关代码如下：

```
public class Main {
    public static void main(String[ ] args) {
        int n = 5;
        System.out.println("输入");
        System.out.println(n);
        System.out.println("输出");
        System.out.println(trailingZeroes(n));
    }
    public static int trailingZeroes(int n) {
        if (n >= 5) {
            return n / 5 + trailingZeroes(n / 5);
        } else {
            return 0;
        }
    }
}
```

4. 运行结果

输入：5

输出：1

实例 008　两字符串之和

1. 问题描述

给定两个仅含数字的字符串，返回由这两个字符串中各位数字之和拼接而成的字符串。拼接顺序为：从右向左依次是个位数字之和、十位数字之和……，以此类推。

2. 问题示例

输入：$a=99$，$b=111$

输出：11010

注：9+1=10，9+1=10，0+1=1，10，10，1 从右向左拼接而成的字符串是 11010。

3. 代码实现

相关代码如下：

```
public class Main {
    public static void main(String[ ] args) {
        String a = "99", b = "111";
        System.out.println("输入");
        System.out.println(a);
        System.out.println(b);
        System.out.println("输出");
        System.out.println(sumofTwoStrings(a, b));
    }
```

```
    public static String sumofTwoStrings(String a, String b) {
        int alen = a.length();
        int blen = b.length();
        int i = alen - 1;
        int j = blen - 1;
        String res = "";
        while (i >= 0 && j >= 0) {
            int anum = a.charAt(i) - '0';
            int bnum = b.charAt(j) - '0';
            int temp = anum + bnum;
            res = temp + res;
            i--;
            j--;
        }
        while (i >= 0) {
            int temp = a.charAt(i) - '0';
            res = temp + res;
            i--;
        }
        while (j >= 0) {
            int temp = b.charAt(j) - '0';
            res = temp + res;
            j--;
        }
        return res;
    }
}
```

4. 运行结果

输入：99　111

输出：11010

实例 009　计算质数的个数

1. 问题描述

请计算小于非负数 n 的质数的个数。

2. 问题示例

输入：$n=2$

输出：0

3. 代码实现

相关代码如下：

```
import java.util.Arrays;
public class Main {
    public static void main(String[] args) {
        int n = 2;
```

```
        System.out.println("输入");
        System.out.println(n);
        System.out.println("输出");
        System.out.println(countPrimes(n));
    }
    public static int countPrimes(int n) {
        int[] isPrime = new int[n];
        Arrays.fill(isPrime, 1);
        int ans = 0;
        for (int i = 2; i < n; ++i) {
            if (isPrime[i] == 1) {
                ans += 1;
                if ((long) i * i < n) {
                    for (int j = i * i; j < n; j += i) {
                        isPrime[j] = 0;
                    }
                }
            }
        }
        return ans;
    }
}
```

4. 运行结果

输入：2

输出：0

实例 010 是否包含重复元素

1. 问题描述

给定一个整数数组，查找该数组是否包含重复元素。如果数组中某个元素至少出现两次，则返回 true；如果每个元素都是不同的，则返回 false。

2. 问题示例

输入：nums=[1, 1]

输出：true

3. 代码实现

相关代码如下：

```
import java.util.Arrays;
import java.util.HashSet;
import java.util.Set;
public class Main {
    public static void main(String[] args) {
        int[] nums = {1, 1};
        System.out.println("输入");
        System.out.println(Arrays.toString(nums));
```

```
        System.out.println("输出");
        System.out.println(containsDuplicate(nums));
    }
    public static boolean containsDuplicate(int[] nums) {
        Set<Integer> set = new HashSet<Integer>();
        for (int x : nums) {
            if (!set.add(x)) {
                return true;
            }
        }
        return false;
    }
}
```

4. 运行结果

输入：[1,1]

输出：true

实例 011　2 的幂

1. 问题描述

给定一个整数，请写一个函数判断该整数是否为 2 的幂。

2. 问题示例

输入：$n=3$

输出：false

3. 代码实现

相关代码如下：

```
public class Main {
    public static void main(String[] args) {
        int n = 3;
        System.out.println("输入");
        System.out.println(n);
        System.out.println("输出");
        System.out.println(isPowerOfTwo(n));
    }
    public static boolean isPowerOfTwo(int n) {
        if (n <= 0) {
            return false;
        }
        return (n & (n - 1)) == 0;
    }
}
```

4. 运行结果

输入：3

输出：false

实例 012 4 的乘方

1. 问题描述

给定一个 32 位有符号整数，请判断这个整数是否为 4 的乘方。

2. 问题示例

输入：num＝16

输出：true

3. 代码实现

相关代码如下：

```
public class Main {
    public static void main(String[] args) {
        int num = 16;
        System.out.println("输入");
        System.out.println(num);
        System.out.println("输出");
        System.out.println(isPowerOfFour(num));
    }
    public static boolean isPowerOfFour(int num) {
        if (num < 1) {
            return false;
        }
        if ((num & (num - 1)) != 0) {
            return false;
        }
        while (num > 1) {
            num = num >> 2;
        }
        if (num == 1) {
            return true;
        }
        return false;
    }
}
```

4. 运行结果

输入：16

输出：true

实例 013 添加字符

1. 问题描述

给定一个字符串，可以在任意位置添加字符 a（在这个过程中，需要保证字符串是合法的)，并返回最多能添加 a 的个数。注：字符串长度需小于 100000，合法的字符串不能包含子串 aaa(aabaabaa 是合法的)。

2. 问题示例

输入：str＝abab

输出：4

3. 代码实现

相关代码如下：

```
public class Main {
    public static void main(String[] args) {
        String str = "abab";
        System.out.println("输入");
        System.out.println(str);
        System.out.println("输出");
        System.out.println(addCharacter(str));
    }
    public static int addCharacter(String str) {
        int l = str.length();
        int ans = 0;
        int temp = 0;
        for (int i = 0; i < l; i++) {
            if (str.charAt(i) == 'a') {
                temp++;
            } else {
                ans = ans + 2 - temp;
                temp = 0;
            }
        }
        ans = ans + 2 - temp;
        return ans;
    }
}
```

4. 运行结果

输入：abab

输出：4

实例 014　翻转字符串 1

1. 问题描述

请写一个方法，接收给定字符串 s 作为输入，并返回这个字符串中的字符逐个翻转后构成的新字符串。

2. 问题示例

输入：s＝hello

输出：olleh

3. 代码实现

相关代码如下：

```
public class Main {
    public static void main(String[] args) {
        String s = "hello";
        System.out.println("输入");
        System.out.println(s);
        System.out.println("输出");
        System.out.println(reverseString(s));
    }
    public static String reverseString(String s) {
        StringBuilder sb = new StringBuilder();
        for (int i = s.length() - 1; i >= 0; i--) {
            sb.append(s.charAt(i));
        }
        return sb.toString();
    }
}
```

4. 运行结果

输入：hello

输出：olleh

实例 015 完全平方数

1. 问题描述

给出一个正整数 num，请写一个函数，要求当 num 为完全平方数时，函数返回 true，否则返回 false。

2. 问题示例

输入：num=16

输出：true

3. 代码实现

相关代码如下：

```
public class Main {
    public static void main(String[] args) {
        int num = 16;
        System.out.println("输入");
        System.out.println(num);
        System.out.println("输出");
        System.out.println(isPerfectSquare(num));
    }
    public static boolean isPerfectSquare(int num) {
```

```
        long l = 0, r = num;
        while (r - l > 1) {
            long mid = (l + r) / 2;
            if (mid * mid <= num) {
                l = mid;
            } else {
                r = mid;
            }
        }
        long ans = l;
        if (l * l < num) {
            ans = r;
        }
        return ans * ans == num;
    }
}
```

4. 运行结果

输入：16

输出：true

实例 016　有效的字母异位词

1. 问题描述

给定两个字符串 s 和 t ，请编写一个函数判断 t 是否为 s 的字母异位词。

2. 问题示例

输入：s = anagram，t = nagaram

输出：true

3. 代码实现

相关代码如下：

```
import java.util.Arrays;
public class Main {
    public static void main(String[] args) {
        String s = "anagram", t = "nagaram";
        System.out.println("输入");
        System.out.println(s);
        System.out.println(t);
        System.out.println("输出");
        System.out.println(isAnagram(s, t));
    }
    public static boolean isAnagram(String s, String t) {
        if (s.length() != t.length()) {
            return false;
        }
        char[] str1 = s.toCharArray();
```

```
        char[] str2 = t.toCharArray();
        Arrays.sort(str1);
        Arrays.sort(str2);
        return Arrays.equals(str1, str2);
    }
}
```

4. 运行结果

输入：anagram　nagaram

输出：true

实例 017　二阶阶乘

1. 问题描述

给定一个正整数 n，返回该正整数的二阶阶乘。注：正整数的二阶阶乘表示不超过这个正整数，且与这个正整数有相同奇偶性的所有正整数的乘积，结果不超过长整型数据范围。

2. 问题示例

输入：$n=5$

输出：15

注：5!!＝5×3×1＝15

3. 代码实现

相关代码如下：

```
public class Main {
    public static void main(String[] args) {
        int n = 5;
        System.out.println("输入");
        System.out.println(n);
        System.out.println("输出");
        System.out.println(doubleFactorial(n));
    }
    public static long calc(int n) {
        if (n <= 1) {
            return 1;
        }
        return calc(n - 2) * n;
    }
    public static long doubleFactorial(int n) {
        return calc(n);
    }
}
```

4. 运行结果

输入：5

输出：15

实例 018　最大数和最小数

1. 问题描述

给定一个矩阵，返回该矩阵中的最大数和最小数。注：需要返回一个整数数组 array，其中 array[0]表示最大数，而 array[1]表示最小数。

2. 问题示例

输入：$A=$

[
 [1,2,3],
 [4,3,2],
 [6,4,4]
]

输出：[6,1]

3. 代码实现

相关代码如下：

```
import java.util.Arrays;
public class Main {
    public static void main(String[] args) {
        int[][] A = {{1, 2, 3}, {4, 3, 2}, {6, 4, 4}};
        System.out.println("输入");
        System.out.println(Arrays.deepToString(A));
        System.out.println("输出");
        System.out.print(Arrays.toString(maxAndMin(A)));
    }
    public static int[] maxAndMin(int[][] A) {
        if (A.length == 0 || A[0].length == 0) {
            return new int[0];
        }
        int[] res = new int[2];
        int i, j;
        res[0] = Integer.MIN_VALUE;
        res[1] = Integer.MAX_VALUE;
        for (i = 0; i < A.length; ++i) {
            for (j = 0; j < A[i].length; ++j) {
                res[0] = Math.max(res[0], A[i][j]);
                res[1] = Math.min(res[1], A[i][j]);
            }
        }
        return res;
    }
}
```

4. 运行结果

输入：[[1,2,3],[4,3,2],[6,4,4]]

输出：[6,1]

实例 019 翻转数组

1. 问题描述

请将数组 nums 进行翻转。

2. 问题示例

输入：nums=[1,2,5]

输出：[5,2,1]

3. 代码实现

相关代码如下：

```
import java.util.Arrays;
public class Main {
    public static void main(String[] args) {
        int[] nums = {1, 2, 5};
        System.out.println("输入");
        System.out.println(Arrays.toString(nums));
        reverseArray(nums);
        System.out.println("输出");
        System.out.print(Arrays.toString(nums));
    }
    public static void reverseArray(int[] nums) {
        int i = 0;
        int j = nums.length - 1;
        int tmp;
        while (i < j) {
            tmp = nums[i];
            nums[i] = nums[j];
            nums[j] = tmp;
            i += 1;
            j -= 1;
        }
    }
}
```

4. 运行结果

输入：[1,2,5]

输出：[5,2,1]

实例 020　有效的三角形

1. 问题描述

给出三个整数 a、b、c，如果长度分别为这三个整数的线段可以构成三角形，则返回 true。

2. 问题示例

输入：$a=2, b=3, c=4$

输出：true

3. 代码实现

相关代码如下：

```
public class Main {
    public static void main(String[] args) {
        int a = 2, b = 3, c = 4;
        System.out.println("输入");
        System.out.println(a);
        System.out.println(b);
        System.out.println(c);
        System.out.println("输出");
        System.out.println(isValidTriangle(a, b, c));
    }
    public static boolean isValidTriangle(int a, int b, int c) {
        if (a + b > c && a + c > b && b + c > a && a - b < c && a - c < b && b - c < a) {
            return true;
        }
        return false;
    }
}
```

4. 运行结果

输入：2　3　4

输出：true

实例 021　进制转换

1. 问题描述

给定十进制数 n 和整数 k，请将十进制数 n 转换成 k 进制数。如果 k 大于 10，则每个大于 9 的数字都用大写字母表示。

2. 问题示例

输入：$n=5, k=2$

输出：101

3. 代码实现

相关代码如下：

```
public class Main {
    public static void main(String[] args) {
        int n = 5, k = 2;
        System.out.println("输入");
        System.out.println(n);
        System.out.println(k);
        System.out.println("输出");
        System.out.println(hexConversion(n,k));
    }
    public static String hexConversion(int n, int k) {
        String res = "";
        if (n == 0) {
            return "0";
        }
        while (n > 0) {
            int t = n % k;
            char c = ' ';
            if (t <= 9) {
                c = (char)('0' + t);
            }
            else {
                c = (char)('A' + (t - 10));
            }
            res = c + res;
            n /= k;
        }
        return res;
    }
}
```

4. 运行结果

输入：5　　2

输出：101

实例 022　时间角度

1. 问题描述

请计算 $h:m$ 时刻时钟的时针和分针之间的角度。

2. 问题示例

输入：$h=12$　$m=0$

输出：0

3. 代码实现

相关代码如下：

```
public class Main {
    public static void main(String[] args) {
        int h = 12, m = 0;
        System.out.println("输入");
        System.out.println(h);
        System.out.println(m);
        System.out.println("输出");
        System.out.println(timeAngle(h, m));
    }
    public static float timeAngle(int h, int m) {
        float hdu = (h + m / 60.0f) * 30;
        float mdu = m * 6;
        float res = Math.abs(hdu - mdu);
        if (res > 180) {
            res = Math.abs(res - 360);
        }
        return res;
    }
}
```

4. 运行结果

输入：12　0

输出：0

实例 023　旋转数组

1. 问题描述

给定一个数组 nums，请将数组中的元素依次向右移动 k 步，右侧溢出的元素则依次移至数组最左侧。其中 k 为非负数。

2. 问题示例

输入：nums=[1,2,3,4,5,6,7]，k=3

输出：[5,6,7,1,2,3,4]

注：数组中的元素向右移动 1 步，结果为[7,1,2,3,4,5,6]；向右移动 2 步，结果为[6,7,1,2,3,4,5]；向右移动 3 步，结果为[5,6,7,1,2,3,4]。

3. 代码实现

相关代码如下：

```
import java.util.Arrays;
public class Main {
    public static void main(String[] args) {
        int[] nums = {1, 2, 3, 4, 5, 6, 7};
        int k = 3;
```

```
        System.out.println("输入");
        System.out.println(Arrays.toString(nums));
        System.out.println(k);
        System.out.println("输出");
        System.out.print(Arrays.toString(rotate(nums, k)));
    }
    public static int[] rotate(int[] nums, int k) {
        int n = nums.length;
        k %= n;
        reverse(nums, 0, n - k - 1);
        reverse(nums, n - k, nums.length - 1);
        reverse(nums, 0, nums.length - 1);
        return nums;
    }
    public static void reverse(int[] n, int i, int j) {
        for (int p = i, q = j; p < q; p++, q--) {
            int temp = n[p];
            n[p] = n[q];
            n[q] = temp;
        }
    }
}
```

4. 运行结果

输入：[1,2,3,4,5,6,7]　3

输出：[5,6,7,1,2,3,4]

实例 024　判断一个整数对应的二进制数中有多少个 1

1. 问题描述

请写一个函数，以无符号整数作为输入数据，输出整数对应二进制数所包含的 1 的个数（也称汉明权重）。

2. 问题示例

输入：$n=11$

输出：3

注：整数 11 对应的二进制数为 1011，包含 3 个 1，故返回 3。

3. 代码实现

相关代码如下：

```
public class Main {
    public static void main(String[] args) {
        int n = 11;
        System.out.println("输入");
        System.out.println(n);
        System.out.println("输出");
```

```
        System.out.println(hammingWeight(n));
    }
    public static int hammingWeight(int n) {
        int ones = 0;
        while (n != 0) {
            ones += (n & 1);
            n = n >> 1;
        }
        return ones;
    }
}
```

4. 运行结果

输入：11

输出：3

实例 025　硬币摆放

1. 问题描述

给出 n 枚硬币，要求摆放成阶梯状，满足第 k 行恰好有 k 枚硬币。请找出可以摆成的完整阶梯行数。注：n 是一个非负整数，且位数小于 32。

2. 问题示例

输入：$n=5$

输出：2

注：5 枚硬币可以摆成如下阶梯形状，因为第 3 行阶梯不完整，故返回 2。

¤

¤ ¤

¤ ¤

3. 代码实现

相关代码如下：

```
public class Main {
    public static void main(String[] args) {
        int n = 5;
        System.out.println("输入");
        System.out.println(n);
        System.out.println("输出");
        System.out.println(arrangeCoins(n));
    }
    public static int arrangeCoins(int n) {
        return (int) ((-1 + Math.sqrt(1 + 8 * (long) n)) / 2);
    }
}
```

4. 运行结果

输入：5

输出：2

实例 026 具有交替位的二进制数

1. 问题描述

给定一个正整数 n，检查它的二进制表示是否具有交替位，即两个相邻的位是否具有不同的值。

2. 问题示例

输入：$n=5$

输出：true

注：5 的二进制表示为 101。

3. 代码实现

相关代码如下：

```
public class Main {
    public static void main(String[] args) {
        int n = 5;
        System.out.println("输入");
        System.out.println(n);
        System.out.println("输出");
        System.out.println(hasAlternatingBits(n));
    }
    public static boolean hasAlternatingBits(int n) {
        n = n ^(n >> 1);
        return (n & n + 1) == 0;
    }
}
```

4. 运行结果

输入：5

输出：true

实例 027 棒球游戏

1. 问题描述

给定一个字符串数组 ops，每个字符串可以是以下 4 种中的任意一种：

(1) 整数（一个回合的分数）：直接表示此回合得到的分数。

(2) +(一个回合的分数)：表示此回合获得的分数为前两个有效分数之和。

(3) D(一个回合的分数)：表示此回合得到的分数为上次获得的有效分数的两倍。

(4) C(是一种操作,而不是一个回合的分数):表示上回合的分数是无效的,需要移除。

每轮操作都是永久性的,可能会影响之前的一轮和之后的一轮的分数。需要返回在所有回合中获得的总分数。注:输入列表的大小为1~1000。列表中的整数大小为−30000~30000。

2. 问题示例

输入:ops=[5,2,C,D,+]

输出:30

注:回合1　可以得到5分,和为5。

回合2　可以得到2分,和为7。

操作1　回合2的数据无效,和为5。

回合3　可以得到10分(回合2的数据已经被移除),和为15。

回合4　可以得到5+10=15分,和为30。

3. 代码实现

相关代码如下:

```
import java.util.Arrays;
public class Main {
    public static void main(String[] args) {
        String[] ops = {"5", "2", "C", "D", "+"};
        System.out.println("输入");
        System.out.println(Arrays.toString(ops));
        System.out.println("输出");
        System.out.println(calPoints(ops));
    }
    public static int calPoints(String[] ops) {
        int[] ar = new int[ops.length];
        int pointer = -1, sum = 0;
        for (String st : ops) {
            char c = st.charAt(0);
            if (c == '+') {
                sum += (ar[++pointer] = ar[pointer - 1] + ar[pointer - 2]);
            } else if (c == 'D') {
                sum += (ar[++pointer] = 2 * ar[pointer - 1]);
            } else if (c == 'C') {
                sum -= ar[pointer--];
            } else {
                sum += (ar[++pointer] = Integer.parseInt(st));
            }
        }
        return sum;
    }
}
```

4. 运行结果

输入:[5,2,C,D,+]

输出:30

实例 028　七进制

1. 问题描述

给定一个整数，返回其七进制形式的字符串。

2. 问题示例

输入：num＝100

输出：202

3. 代码实现

相关代码如下：

```
public class Main {
    public static void main(String[] args) {
        int num = 100;
        System.out.println("输入");
        System.out.println(num);
        System.out.println("输出");
        System.out.println(convertToBase7(num));
    }
    public static String convertToBase7(int num) {
        if (num < 0) {
            return "-" + convertToBase7(-num);
        }
        if (num < 7) {
            return num + "";
        }
        return convertToBase7(num / 7) + num % 7;
    }
}
```

4. 运行结果

输入：100

输出：202

实例 029　英语软件

1. 问题描述

某同学是班级的英语课代表，想开发一款处理成绩的软件，功能是通过百分数反映成绩在班上的位置。设这个百分数为 p，考试成绩为 s 分，可以通过以下示例计算得出 p 值：

$$p=(\text{分数不超过 } s \text{ 的人数}-1)/\text{班级总人数}\times 100\%$$

注：给出 score 数组代表第 i 个人考了 score[i]分，ask 数组代表询问第 i 个人的成绩，每询问一次即输出一次对应的成绩百分数，输出省略百分号，答案向下取整（为避免精度丢

失，请优先计算乘法）。

2. 问题示例

输入：score=[100,98,87]，ask=[1,2,3]

输出：[66,33,0]

注：第一个人考了100分，超过了班级66%的学生。

3. 代码实现

相关代码如下：

```
import java.util.*;
class stu {
    public int ind;
    public double sco;
    public stu(int _ind, double _sco) {
        this.ind = _ind;
        this.sco = _sco;
    }
}
public class Main {
    public static void main(String[] args) {
        List<Integer> score = new ArrayList<>();
        score.add(100);
        score.add(98);
        score.add(87);
        List<Integer> ask = new ArrayList<>();
        ask.add(1);
        ask.add(2);
        ask.add(3);
        System.out.println("输入");
        System.out.println(Arrays.toString(score.toArray()));
        System.out.println(Arrays.toString(ask.toArray()));
        System.out.println("输出");
        System.out.println(Arrays.toString(englishSoftware(score, ask).toArray()));
    }
    public static List<Integer> englishSoftware(List<Integer> score, List<Integer>
ask) {
        Map<Integer, Double> vec = new HashMap<Integer, Double>();
        List<stu> sortVec = new ArrayList<stu>();
        for (int i = 0; i < score.size(); i++) {
            vec.put(i + 1, (double) score.get(i));
            sortVec.add(new stu(i, (double) score.get(i)));
        }
        sortVec.sort((o1, o2) -> (int) o1.sco - (int) o2.sco);
        Map<Double, Double> um = new HashMap<Double, Double>();
        for (int i = 0; i < sortVec.size(); i++) {
            um.put(sortVec.get(i).sco, (double) i * 100 / sortVec.size());
        }
        List<Integer> ans = new ArrayList<Integer>() {
        };
```

```
        for (int k : ask) {
            ans.add((int) Math.floor(um.get(vec.get(k))));
        }
        return ans;
    }
}
```

4. 运行结果

输入：[100,98,87] [1,2,3]

输出：[66,33,0]

实例 030 重排

1. 问题描述

给定一列数组，请重排数组，要求所有偶数位上的数都小于右侧相邻奇数位上的数。同时，要求偶数位上的数按照升序排列，奇数位上的数也按照升序排列。数组长度为 $n, n \leqslant 100000$，数组索引从 0 开始。

2. 问题示例

输入：nums=[−1,0,1,−1,5,10]

输出：[−1,1,−1,5,0,10]

3. 代码实现

相关代码如下：

```
import java.util.Arrays;
public class Main {
    public static void main(String[] args) {
        int[] nums = {-1, 0, 1, -1, 5, 10};
        System.out.println("输入");
        System.out.println(Arrays.toString(nums));
        System.out.println("输出");
        System.out.print(Arrays.toString(rearrange(nums)));
    }
    public static int[] rearrange(int[] nums) {
        Arrays.sort(nums);
        int[] ans = new int[nums.length];
        int pos = 0;
        for (int i = 0; i < ans.length; i += 2) {
            ans[i] = nums[pos++];
        }
        for (int i = 1; i < ans.length; i += 2) {
            ans[i] = nums[pos++];
        }
        return ans;
    }
}
```

4. 运行结果

输入：[−1,0,1,−1,5,10]

输出：[−1,1,−1,5,0,10]

实例 031　不可变的数组

1. 问题描述

给定一个整数数组 nums，求出下标为 $i \sim j (i \leqslant j)$ 的元素之和。注：可以认为给出的数组不会发生变化，会多次调用 sumRange 函数。

2. 问题示例

输入：nums=[−2,0,3,−5,2,−1]

sumRange(0, 2)　sumRange(2, 5)　sumRange(0, 5)

输出：1　−1　−3

注：由 sumRange(0,2)得到下标为 0～2 的元素之和为(−2)+0+3=1。

由 sumRange(2,5)得到下标为 2～5 的元素之和为 3+(−5)+2+(−1)=−1。

由 sumRange(0,5)得到下标为 0～5 的元素之和为(−2)+0+3+(−5)+2+(−1)=−3。

3. 代码实现

相关代码如下：

```
public class Main {
    public static void main(String[] args) {
        int[] nums = {-2, 0, 3, -5, 2, -1};
        NumArray a = new NumArray(nums);
        System.out.println("输入");
        System.out.println("NumArray([-2,0,3,-5,2,-1])");
        System.out.println("sumRange(0, 2)");
        System.out.println("sumRange(2, 5)");
        System.out.println("sumRange(0, 5)");
        System.out.println("输出");
        System.out.print("[" + a.sumRange(0, 2) + ",");
        System.out.print(a.sumRange(2, 5) + ",");
        System.out.print(a.sumRange(0, 5) + "]");
    }
}
class NumArray {
    private int[] prefix;
    public NumArray(int[] nums) {
        prefix = new int[nums.length + 1];
        getPrefix(nums, prefix);
    }
    public int sumRange(int i, int j) {
        return prefix[j + 1] - prefix[i];
    }
```

```
    public void getPrefix(int[] nums, int[] prefix) {
        for (int i = 0; i < nums.length; i++) {
            prefix[i + 1] = prefix[i] + nums[i];
        }
    }
}
```

4. 运行结果

输入：NumArray([−2,0,3,−5,2,−1])

sumRange(0, 2)

sumRange(2, 5)

sumRange(0, 5)

输出：[1,−1,−3]

实例 032 首字母大写

1. 问题描述

输入一个长度小于或等于100的英文句子，请将每个单词的第一个字母改成大写字母。这个句子可能并不符合语法规则。

2. 问题示例

输入：s=i want to get an accepted

输出：I Want To Get An Accepted

3. 代码实现

相关代码如下：

```
public class Main {
    public static void main(String[] args) {
        String s = "i want to get an accepted";
        System.out.println("输入");
        System.out.println(s);
        System.out.println("输出");
        System.out.println(capitalizesFirst(s));
    }
    public static String capitalizesFirst(String s) {
        int n = s.length();
        char[] sChar = s.toCharArray();
        if (sChar[0] >= 'a' && sChar[0] <= 'z') {
            sChar[0] -= 32;
        }
        for (int i = 1; i < n; i++) {
            if (sChar[i - 1] == ' ' && sChar[i] != ' ') {
                sChar[i] -= 32;
            }
        }
```

```
        return String.valueOf(sChar);
    }
}
```

4. 运行结果

输入：i want to get an accepted

输出：I Want To Get An Accepted

实例 033 单词间的最短距离

1. 问题描述

给出一个单词列表和两个单词，返回单词列表中这两个单词之间的最短距离。

2. 问题示例

输入：words=[practice，makes，perfect，coding，makes]，coding，practice

输出：3

注：index(coding)－index(practice)＝3。

3. 代码实现

相关代码如下：

```
import java.util.Arrays;
public class Main {
    public static void main(String[] args) {
        String[] words = {"practice", "makes", "perfect", "coding", "makes"};
        String word1 = "coding", word2 = "practice";
        System.out.println("输入");
        System.out.println(Arrays.toString(words));
        System.out.println(word1);
        System.out.println(word2);
        System.out.println("输出");
        System.out.println(shortestDistance(words, word1, word2));
    }
    public static int shortestDistance(String[] words, String word1, String word2) {
        int p1 = -1, p2 = -1, min = Integer.MAX_VALUE;
        for (int i = 0; i < words.length; i++) {
            if (words[i].equals(word1)) {
                p1 = i;
            }
            if (words[i].equals(word2)) {
                p2 = i;
            }
            if (p1 != -1 && p2 != -1) {
                min = Math.min(min, Math.abs(p1 - p2));
            }
        }
        return min;
```

```
    }
}
```

4. 运行结果

输入：[practice，makes，perfect，coding，makes]，coding，practice

输出：3

实例 034 会议室

1. 问题描述

给定一系列会议时间间隔，包括起始时间和结束时间，如(s1,e1)，(s2,e2)，…，(*si*<*ei*)，请确定一个人是否可以参加所有会议。注：(0,8)，(8,10)时间间隔在 8 这一时刻不冲突。

2. 问题示例

输入：intervals=[(0,30)，(5,10)，(15,20)]

输出：false

注：(0,30)和(5,10)时间冲突，(0,30)和(15,20)时间冲突。

3. 代码实现

相关代码如下：

```
import java.util.*;
public class Main {
    public static void main(String[] args) {
        List<Interval> intervals = new ArrayList<>();
        intervals.add(new Interval(0, 30));
        intervals.add(new Interval(5, 10));
        intervals.add(new Interval(15, 20));
        System.out.println("输入");
        List<List<Integer>> input = new ArrayList<>();
        for (Interval i : intervals) {
            input.add(Arrays.asList(new Integer[]{i.start, i.end}));
        }
        System.out.println(input);
        System.out.println("输出");
        System.out.println(canAttendMeetings(intervals));
    }
    public static boolean canAttendMeetings(List<Interval> intervals) {
        if (intervals == null || intervals.size() == 0) {
            return true;
        }
        Collections.sort(intervals, new Comparator<Interval>() {
            public int compare(Interval a, Interval b) {
                return a.start - b.start;
            }
        });
```

```
        for (int i = 0; i < intervals.size() - 1; i++) {
            if (intervals.get(i).start == intervals.get(i + 1).start) {
                return false;
            }
            if (intervals.get(i).end > intervals.get(i + 1).start) {
                return false;
            }
        }
        return true;
    }
}
class Interval {
    public int start;
    public int end;
    public Interval(int start, int end) {
        this.start = start;
        this.end = end;
    }
}
```

4. 运行结果

输入：[(0,30),(5,10),(15,20)]

输出：False

实例 035　连续 1 的最大个数

1. 问题描述

给定一个二进制数组 nums，找出该数组中连续 1 的最大个数。输入数组只包含 0 和 1，长度为正整数，不超过 10000。

2. 问题示例

输入：nums=[1,1,0,1,1,1]

输出：3

注：数组中前两个元素和后三个元素为连续 1，所以连续 1 的最大个数为 3。

3. 代码实现

相关代码如下：

```
import java.util.Arrays;
public class Main {
    public static void main(String[] args) {
        int[] nums = {1, 1, 0, 1, 1, 1};
        System.out.println("输入");
        System.out.println(Arrays.toString(nums));
        System.out.println("输出");
        System.out.print(findMaxConsecutiveOnes(nums));
    }
```

```
    public static int findMaxConsecutiveOnes(int[] nums) {
        int result = 0;
        int count = 0;
        for (int i = 0; i < nums.length; i++) {
            if (nums[i] == 1) {
                count++;
                result = Math.max(count, result);
            } else count = 0;
        }
        return result;
    }
}
```

4. 运行结果

输入：[1,1,0,1,1,1]

输出：3

实例 036　回文排列

1. 问题描述

给定一个字符串，判断其中是否存在回文排列。

2. 问题示例

输入：s＝code

输出：false

注：没有合法的回文排列。

3. 代码实现

相关代码如下：

```
import java.util.HashMap;
public class Main {
    public static void main(String[] args) {
        String s = "code";
        System.out.println("输入");
        System.out.println(s);
        System.out.println("输出");
        System.out.println(canPermutePalindrome(s));
    }
    public static boolean canPermutePalindrome(String s) {
        HashMap<Character, Integer> map = new HashMap<>();
        for (int i = 0; i < s.length(); i++) {
            map.put(s.charAt(i), map.getOrDefault(s.charAt(i), 0) + 1);
        }
        int count = 0;
        for (char key : map.keySet()) {
            count += map.get(key) % 2;
```

```
        }
        return count <= 1;
    }
}
```

4. 运行结果

输入：code

输出：false

实例 037　最短无序连续子数组

1. 问题描述

给定一个整数数组，其中可能存在连续子数组，如果将这个子数组进行升序排列，那么整个数组也将按升序排列。找到满足条件的最短子数组并输出它的长度。注：输入的数组长度∈[1,10000]。输入的数组可能包含重复元素。

2. 问题示例

输入：nums=[2，6，4，8，10，9，15]

输出：5

注：将子数组[6，4，8，10，9]按升序排列，整个数组也将变为升序排列。

3. 代码实现

相关代码如下：

```
import java.util.Arrays;
public class Main {
    public static void main(String[] args) {
        int[] nums = {2, 6, 4, 8, 10, 9, 15};
        System.out.println("输入");
        System.out.println(Arrays.toString(nums));
        System.out.println("输出");
        System.out.print(findUnsortedSubarray(nums));
    }
    public static int findUnsortedSubarray(int[] nums) {
        int[] sortedNums = nums.clone();
        Arrays.sort(sortedNums);
        int ans = nums.length, i = 0;
        while (ans > 0 && nums[ans - 1] == sortedNums[ans - 1])
            ans--;
        while (i < ans && nums[i] == sortedNums[i])
            i++;
        return ans - i;
    }
}
```

4. 运行结果

输入：[2,6,4,8,10,9,15]

输出：5

实例 038 两个列表的最小索引和

1. 问题描述

假设 A 和 B 有各自最喜爱的餐馆列表，他们要选择一家餐馆一起吃晚餐，如何用最少的列表索引总和找出他们共同喜欢的餐馆？最少列表索引总和的答案不唯一，请输出所有答案，答案没有顺序要求。

注：①两个列表的长度 n 在[1,1000]内。②两个列表中的字符串长度在[1,30]内。③索引从 0 开始，直到 $n-1$。④单个列表中没有重复元素。

2. 问题示例

输入：

list1=[Shogun, Tapioca Express, Burger King, KFC]

list2=[Piatti, The Grill at Torrey Pines, Hungry Hunter Steakhouse, Shogun]

输出：[Shogun]

注：两个人都喜欢的餐馆只有 Shogun。

3. 代码实现

相关代码如下：

```
import java.util.*;
public class Main {
    public static void main(String[] args) {
        String[] list1 = {"Shogun", "Tapioca Express", "Burger King", "KFC"};
        String[] list2 = {"Piatti", "The Grill at Torrey Pines", "Hungry Hunter Steakhouse",
"Shogun"};
        System.out.println("输入");
        System.out.println(Arrays.toString(list1));
        System.out.println(Arrays.toString(list2));
        System.out.println("输出");
        System.out.print(Arrays.toString(findRestaurant(list1, list2)));
    }
    public static String[] findRestaurant(String[] list1, String[] list2) {
        Map<String, Integer> index = new HashMap<String, Integer>();
        for (int i = 0; i < list1.length; i++) {
            index.put(list1[i], i);
        }
        List<String> ret = new ArrayList<String>();
        int indexSum = Integer.MAX_VALUE;
        for (int i = 0; i < list2.length; i++) {
            if (index.containsKey(list2[i])) {
                int j = index.get(list2[i]);
                if (i + j < indexSum) {
                    ret.clear();
                    ret.add(list2[i]);
                    indexSum = i + j;
```

```
                } else if (i + j == indexSum) {
                    ret.add(list2[i]);
                }
            }
        }
        return ret.toArray(new String[ret.size()]);
    }
}
```

4. 运行结果

输入：[Shogun，Tapioca Express，Burger King，KFC]

[Piatti，The Grill at Torrey Pines，Hungry Hunter Steakhouse，Shogun]

输出：[Shogun]

实例 039　合并排序数组

1. 问题描述

请将升序排列的整数数组 a 和 b 合并，新数组需要有序。

2. 问题示例

输入：a=[1]　b=[1]

输出：[1,1]

3. 代码实现

相关代码如下：

```
import java.util.Arrays;
public class Main {
    public static void main(String[] args) {
        int[] a = {1}, b = {1};
        System.out.println("输入");
        System.out.println(Arrays.toString(a));
        System.out.println(Arrays.toString(b));
        System.out.println("输出");
        System.out.println(Arrays.toString(mergeSortedArray(a, b)));
    }
    public static int[] mergeSortedArray(int[] a, int[] b) {
        int i = 0, j = 0;
        int[] newarr = new int[a.length + b.length];
        int index = 0;
        while (i < a.length && j < b.length) {
            if (a[i] <= b[j]) {
                newarr[index++] = a[i++];
            } else {
                newarr[index++] = b[j++];
            }
        }
```

```
        while (i < a.length) {
            newarr[index++] = a[i++];
        }
        while (j < b.length) {
            newarr[index++] = b[j++];
        }
        return newarr;
    }
}
```

4. 运行结果

输入：[1] [1]

输出：[1,1]

实例 040 在二进制表示的整数中计算置位位数为质数的个数

1. 问题描述

给定两个整数 L 和 R，找到闭区间[L,R]内计算置位位数为质数的整数个数。注：计算置位代表二进制表示中 1 的个数。例如 21 的二进制表示 10101 有 3 个计算置位。L、R 是质数，1 不是。$L \leqslant R$，且 L,R 为[$1,10^6$]中的整数，最大值为 10000。

2. 问题示例

输入：$L=6$，$R=10$

输出：4

注：6 的二进制表示为 110，有 2 个计算置位，2 是质数；7 的二进制表示为 111，有 3 个计算置位，3 是质数；9 的二进制表示为 1001，有 2 个计算置位，2 是质数；10 的二进制表示为 1010，有 2 个计算置位，2 是质数。

3. 代码实现

相关代码如下：

```
public class Main {
    public static void main(String[] args) {
        int L = 6, R = 10;
        System.out.println("输入");
        System.out.println(L);
        System.out.println(R);
        System.out.println("输出");
        System.out.println(countPrimeSetBits(L, R));
    }
    public static int countPrimeSetBits(int L, int R) {
        int sum = 0;
        while (L <= R) {
            int x = L;
            int count = 0;
```

```
            while (L != 0) {
                if ((L & 1) == 1) count++;
                L >>= 1;
            }
            L = x + 1;
            if (isPrime(count)) sum++;
        }
        return sum;
    }
    private static boolean isPrime(int count) {
        if (count == 2 || count == 3 || count == 5 || count == 7 || count == 11 || count ==
13 || count == 17 || count == 19)
            return true;
        return false;
    }
}
```

4. 运行结果

输入：6　　10

输出：4

实例 041　一个月的天数

1. 问题描述

给定年份和月份，返回这个月的天数。闰年的条件有两个：年份能被 4 整除，但不能被 100 整除；年份能被 400 整除。满足其中一个条件即为闰年。

2. 问题示例

输入：year=2020，month=2

输出：29

3. 代码实现

相关代码如下：

```
public class Main {
    public static void main(String[] args) {
        int year = 2020, month = 2;
        System.out.println("输入");
        System.out.println(year);
        System.out.println(month);
        System.out.println("输出");
        System.out.println(getTheMonthDays(year, month));
    }
    public static int getTheMonthDays(int year, int month) {
        boolean isleap = isLeapYear(year);
        if (month == 2) {
            if (isleap) {
                return 29;
```

```
            } else {
                return 28;
            }
        } else if (month == 1 || month == 3 || month == 5 || month == 7 || month == 8 ||
month == 10 || month == 12) {
            return 31;
        }
        return 30;
    }
    public static boolean isLeapYear(int year) {
        if (year % 4 == 0 && year % 100 != 0 || year % 400 == 0) {
            return true;
        }
        return false;
    }
}
```

4. 运行结果

输入：2020　2

输出：29

实例 042　构造矩形

1. 问题描述

给定一个矩形的面积，设计矩形的长(*L*)和宽(*W*)，使其满足如下要求：①矩形面积需要和给定目标相等；②长度 *L* 不小于宽度 *W*，即 $L \geqslant W$；③长和宽的差尽可能小。注：给定区域面积不超过 10000000，且是正整数，页面长度和宽度必须是正整数。

2. 问题示例

输入：area＝4

输出：[2, 2]

注：矩形面积是 4，可行的构造方法有[1,4]，[2,2]，[4,1]。

3. 代码实现

相关代码如下：

```
import java.util.Arrays;
public class Main {
    public static void main(String[] args) {
        int area = 4;
        System.out.println("输入");
        System.out.println(area);
        System.out.println("输出");
        System.out.print(Arrays.toString(constructRectangle(area)));
    }
    public static int[] constructRectangle(int area) {
        int W = (int) Math.sqrt(area);
```

```
        while (area % W != 0)
            W--;
        int L = area / W;
        return new int[]{L, W};
    }
}
```

4. 运行结果

输入：4

输出：[2,2]

实例 043　寻找下一个更大的数

1. 问题描述

有两个数组 nums1 和 nums2，二者互不重复，其中 nums1 是 nums2 的子集。在 nums2 中寻找 nums1 中每个元素的下一个更大的数字。nums1 中的数字 x 的下一个更大数字是 nums2 中 x 右边第一个更大的数字，如果不存在，则输出−1。注：①nums1 和 nums2 中的所有数字都是唯一的。②nums1 和 nums2 的长度均不超过 1000。

2. 问题示例

输入：nums1=[4,1,2]，nums2=[1,3,4,2]

输出：[−1,3,−1]

注：对于第一个数组中的数字 4，在第二个数组中找不到下一个更大的数字，因此输出−1。对于第一个数组中的数字 1，在第二个数组中的下一个更大的数字是 3。对于第一个数组中的数字 2，在第二个数组中没有下一个更大的数字，因此输出−1。

3. 代码实现

相关代码如下：

```
import java.util.*;
public class Main {
    public static void main(String[] args) {
        int[] nums1 = {4, 1, 2};
        int[] nums2 = {1, 3, 4, 2};
        System.out.println("输入");
        System.out.println(Arrays.toString(nums1));
        System.out.println(Arrays.toString(nums2));
        System.out.println("输出");
        System.out.print(Arrays.toString(nextGreaterElement(nums1, nums2)));
    }
    public static int[] nextGreaterElement(int[] nums1, int[] nums2) {
        Map<Integer, Integer> map = new HashMap<>();
        Stack<Integer> stack = new Stack<>();
        for (int num : nums2) {
            while (!stack.isEmpty() && stack.peek() < num) {
                map.put(stack.pop(), num);
```

```
            }
            stack.push(num);
        }
        for (int i = 0; i < nums1.length; i++) {
            nums1[i] = map.getOrDefault(nums1[i], -1);
        }
        return nums1;
    }
}
```

4. 运行结果

输入：[4,1,2] [1,3,4,2]

输出：[-1,3,-1]

实例 044 键盘的一行按键输入的单词

1. 问题描述

给定一个单词列表，返回其中可以使用键盘的一行按键输入的单词。

2. 问题示例

输入：words=[Hello,Alaska,Dad,Peace]

输出：[Alaska,Dad]

3. 代码实现

相关代码如下：

```
import java.util.ArrayList;
import java.util.Arrays;
import java.util.List;
public class Main {
    public static void main(String[] args) {
        String[] words = {"Hello", "Alaska", "Dad", "Peace"};
        System.out.println("输入");
        System.out.println(Arrays.toString(words));
        System.out.println("输出");
        System.out.print(Arrays.toString(findWords(words)));
    }
    public static String[] findWords(String[] words) {
        List<String> list = new ArrayList<String>();
        String rowIdx = "12210111011122000010020202";
        for (String word : words) {
            boolean isValid = true;
            char idx = rowIdx.charAt(Character.toLowerCase(word.charAt(0)) - 'a');
            for (int i = 1; i < word.length(); ++i) {
                if (rowIdx.charAt(Character.toLowerCase(word.charAt(i)) - 'a') != idx) {
                    isValid = false;
                    break;
                }
```

```
            }
            if (isValid) {
                list.add(word);
            }
        }
        String[] ans = new String[list.size()];
        for (int i = 0; i < list.size(); ++i) {
            ans[i] = list.get(i);
        }
        return ans;
    }
}
```

4. 运行结果

输入：[Hello,Alaska,Dad,Peace]

输出：[Alaska,Dad]

实例 045　完美数

1. 问题描述

完美数是一个正整数，它等于除其自身之外的所有正约数的总和。请写一个函数，判断给定整数 n，是否为完美数，如是，则返回 true，反之则返回 false。注：输入数字 n 不超过 100000000。

2. 问题示例

输入：num=28

输出：true

注：28=1+2+4+7+14。

3. 代码实现

相关代码如下：

```
public class Main {
    public static void main(String[] args) {
        int num = 28;
        System.out.println("输入");
        System.out.println(num);
        System.out.println("输出");
        System.out.println(checkPerfectNumber(num));
    }
    public static boolean checkPerfectNumber(int num) {
        if (num == 1) {
            return false;
        }
        int sum = 1;
        for (int d = 2; d * d <= num; ++d) {
            if (num % d == 0) {
```

```
                sum += d;
                if (d * d < num) {
                    sum += num / d;
                }
            }
        }
        return sum == num;
    }
}
```

4. 运行结果

输入：28

输出：true

实例 046　找不同

1. 问题描述

给定两个只包含小写字母的字符串 s 和 t。字符串 t 中的字符顺序随机，字符串 s 由字符串 t 在随机位置添加一个字符生成，请找出字符串 t 相对于字符串 s 多了哪个字符。

2. 问题示例

输入：s=abcd，t=abcde

输出：e

注：e 是字符串 t 与字符串 s 相比多出的字符。

3. 代码实现

相关代码如下：

```
public class Main {
    public static void main(String[ ] args) {
        String s = "abcd", t = "abcde";
        System.out.println("输入");
        System.out.println(s);
        System.out.println(t);
        System.out.println("输出");
        System.out.println(findTheDifference(s, t));
    }
    public static char findTheDifference(String s, String t) {
        int flag = 0;
        for (int i = 0; i < s.length(); i++) {
            flag += (t.charAt(i) - s.charAt(i));
        }
        flag += t.charAt(t.length() - 1);
        return (char) flag;
    }
}
```

4. 运行结果

输入：abcd　abcde

输出：e

实例 047　删除字符

1. 问题描述

给定一个字符串，要求从中去掉一个字符，使得剩下的字符按顺序拼接在一起，最后得到的字符串字典序最小，返回这个拼接字符串。注：给定字符串的长度大于 1 且小于 100000。

2. 问题示例

输入：str=acd

输出：ac

注：ac 是字典序最小的。

3. 代码实现

相关代码如下：

```
public class Main {
    public static void main(String[ ] args) {
        String str = "acd";
        System.out.println("输入");
        System.out.println(str);
        System.out.println("输出");
        System.out.println(deleteString(str));
    }
    public static String deleteString(String str) {
        int sign = 0;
        int pos = 0;
        int l = str.length();
        for (int i = 0; i < l - 1; i++) {
            if (str.charAt(i) > str.charAt(i + 1)) {
                pos = i;
                sign = 1;
                break;
            }
        }
        if (sign == 0) pos = l - 1;
        String ans = str.substring(0, pos) + str.substring(pos + 1);
        return ans;
    }
}
```

4. 运行结果

输入：acd

输出：ac

实例 048　集合运算

1. 问题描述

给定两个集合 A 和 B，分别输出它们的并集、交集和差集的大小。

2. 问题示例

输入：$A=[1,3,4,6]$，$B=[1,5,10]$

输出：[6,1,3]

注：A、B 的并集、交集和差集分别为[1,3,4,5,6,10]、[1]和[3,4,6]，大小分别为 6、1、3。

3. 代码实现

相关代码如下：

```
import java.util.Arrays;
import java.util.HashSet;
import java.util.Set;
public class Main {
    public static void main(String[] args) {
        int[] A = {1, 3, 4, 6};
        int[] B = {1, 5, 10};
        System.out.println("输入");
        System.out.println(Arrays.toString(A));
        System.out.println(Arrays.toString(B));
        System.out.println("输出");
        System.out.print(Arrays.toString(getAnswer(A,B)));
    }
    public static int[] getAnswer(int[] A, int[] B) {
        Set<Integer> set1 = new HashSet<>();
        Set<Integer> set2 = new HashSet<>();
        for (int i = 0; i < A.length; i++)
            set1.add(A[i]);
        for (int i = 0; i < B.length; i++)
            set2.add(B[i]);
        int[] c;
        c = new int[3];
        Set<Integer> result = new HashSet<>();
        result.clear();
        result.addAll(set1);
        result.addAll(set2);
        c[0] = result.size();
        result.clear();
        result.addAll(set1);
        result.retainAll(set2);
        c[1] = result.size();
        result.clear();
        result.addAll(set1);
```

```
            result.removeAll(set2);
            c[2] = result.size();
            return c;
        }
    }
```

4. 运行结果

输入：[1,3,4,6]　[1,5,10]

输出：[6,1,3]

实例 049　字符串中的单词数

1. 问题描述

计算字符串 *s* 中的单词数。注：一个不含空格的连续字母组成的字符串定义为一个单词。

2. 问题示例

输入：*s*=Hello，my name is John

输出：5

注：有 5 个不含空格的连续字母组成的字符串，分别为 Hello、my、name、is 和 John。

3. 代码实现

相关代码如下：

```
public class Main {
    public static void main(String[] args) {
        String s = "Hello, my name is John";
        System.out.println("输入");
        System.out.println(s);
        System.out.println("输出");
        System.out.println(countSegments(s));
    }
    public static int countSegments(String s) {
        int segmentCount = 0;
        for (int i = 0; i < s.length(); i++) {
            if ((i == 0 || s.charAt(i - 1) == ' ') && s.charAt(i) != ' ') {
                segmentCount++;
            }
        }
        return segmentCount;
    }
}
```

4. 运行结果

输入：Hello，my name is John

输出：5

实例050 路径总和

1. 问题描述

给定一棵二叉树，它的每个节点都存放着一个整数值。找出二叉树路径和等于给定数值的总数。路径不需要从根节点开始，也不需要在叶节点结束，但是路径方向必须是向下的(只能从父节点到子节点)。二叉树不超过 1000 个节点，且节点数值是[－1000000，1000000]内的整数。

2. 问题示例

输入：root＝[10,5,－3,3,2,null,11,3,－2,null,1]，sum＝8

输出：3

注：返回 3，和为 8 的路径有 5→3，5→2→1 和－3→11。

```
      10
     /  \
    5   -3
   / \    \
  3   2   11
 / \   \
3  -2   1
```

3. 代码实现

相关代码如下：

```
public class Main {
    public static void main(String[] args) {
        TreeNode treeNode1 = new TreeNode(10);
        TreeNode treeNode2 = new TreeNode(5);
        TreeNode treeNode3 = new TreeNode( - 3);
        TreeNode treeNode4 = new TreeNode(3);
        TreeNode treeNode5 = new TreeNode(2);
        TreeNode treeNode6 = new TreeNode(11);
        TreeNode treeNode7 = new TreeNode(3);
        TreeNode treeNode8 = new TreeNode( - 2);
        TreeNode treeNode9 = new TreeNode(1);
        treeNode5.setLeft(treeNode9);
        treeNode4.setLeft(treeNode8);
        treeNode4.setRight(treeNode7);
        treeNode3.setLeft(treeNode6);
        treeNode2.setLeft(treeNode5);
        treeNode2.setRight(treeNode4);
        treeNode1.setLeft(treeNode3);
        treeNode1.setRight(treeNode2);
        int sum = 8;
        System.out.println("输入");
        System.out.println("[10,5, - 3,3,2,#,11,3, - 2,#,1]");
        System.out.println(sum);
```

```
        System.out.println("输出");
        System.out.println(pathSum(treeNode1, sum));
    }
    public static int pathSum(TreeNode root, int sum) {
        if (root == null) {
            return 0;
        }
        return pathSum(root.left, sum) + pathSum(root.right, sum) + findPath(root, sum);
    }
    public static int findPath(TreeNode root, int sum) {
        if (root == null) {
            return 0;
        }
        int res = 0;
        if (sum == root.val) {
            res += 1;
        }
        res += findPath(root.left, sum - root.val);
        res += findPath(root.right, sum - root.val);
        return res;
    }
}
class TreeNode {
    int val;
    public void setLeft(TreeNode left) {
        this.left = left;
    }
    public void setRight(TreeNode right) {
        this.right = right;
    }
    TreeNode left;
    TreeNode right;
    TreeNode(int x) {
        val = x;
    }
}
```

4. 运行结果

输入：[10,5,－3,3,2,#,11,3,－2,#,1]　　8

输出：3

实例 051　回旋镖的数量

1. 问题描述

在平面中给定 n 个点，所有点都不重复。回旋镖是一个点的元组 (i,j,k)，其中 i 和 j 之间的距离与 i 和 k 之间的距离相同(元组的顺序是重要的)。请计算回旋镖的数量。可以假设 n 最多为 500，且点的坐标都在[－10000，10000]内。

2. 问题示例

输入：points=[[0,0],[1,0],[2,0]]

输出：2

注：两个回旋镖分别是[[1,0], [0,0], [2,0]]和[[1,0], [2,0], [0,0]]。

3. 代码实现

相关代码如下：

```
import java.util.Arrays;
import java.util.HashMap;
import java.util.Map;
public class Main {
    public static void main(String[] args) {
        int[][] points = {{0, 0}, {1, 0}, {2, 0}};
        System.out.println("输入");
        System.out.println(Arrays.deepToString(points));
        System.out.println("输出");
        System.out.println(numberOfBoomerangs(points));
    }
    private static int getDistance(int[] a, int[] b) {
        int dx = a[0] - b[0];
        int dy = a[1] - b[1];
        return dx * dx + dy * dy;
    }
    public static int numberOfBoomerangs(int[][] points) {
        if (points == null) {
            return 0;
        }
        int ans = 0;
        for (int i = 0; i < points.length; i++) {
            Map<Integer, Integer> disCount = new HashMap<>();
            for (int j = 0; j < points.length; j++) {
                if (i == j) {
                    continue;
                }
                int distance = getDistance(points[i], points[j]);
                int count = disCount.getOrDefault(distance, 0);
                disCount.put(distance, count + 1);
            }
            for (int count : disCount.values()) {
                ans += count * (count - 1);
            }
        }
        return ans;
    }
}
```

4. 运行结果

输入：[[0,0],[1,0],[2,0]]

输出：2

实例 052　查找所有数组中未出现的数字

1. 问题描述

给定一个整数数组，其中 $1 \leqslant a[i] \leqslant n$（$n$ 为数组的大小），一些元素出现 2 次，其他元素出现 1 次。请找出数组$[1,n]$中所有未出现在给定数组中的元素。

2. 问题示例

输入：nums=[4,3,2,7,8,2,3,1]

输出：[5,6]

3. 代码实现

相关代码如下：

```
import java.util.ArrayList;
import java.util.Arrays;
import java.util.List;
public class Main {
    public static void main(String[] args) {
        int[] nums = {4, 3, 2, 7, 8, 2, 3, 1};
        System.out.println("输入");
        System.out.println(Arrays.toString(nums));
        System.out.println("输出");

        System.out.print(Arrays.toString(findDisappearedNumbers(nums).toArray()));
    }
    public static List<Integer> findDisappearedNumbers(int[] nums) {
        int n = nums.length;
        for (int num : nums) {
            int x = (num - 1) % n;
            nums[x] += n;
        }
        List<Integer> ret = new ArrayList<Integer>();
        for (int i = 0; i < n; i++) {
            if (nums[i] <= n) {
                ret.add(i + 1);
            }
        }
        return ret;
    }
}
```

4. 运行结果

输入：[4,3,2,7,8,2,3,1]

输出：[5,6]

实例 053 使数组元素相同的最少操作步数

1. 问题描述

给定一个大小为 n 的非空整数数组，找出使得数组中所有元素相同的最少操作步数，其中一步被定义为将数组中 $n-1$ 个元素分别加 1。

2. 问题示例

输入：nums=[1,2,3]

输出：3

注：只需要三步即可，每步将数组中的两个元素分别加 1。第一步将[1,2,3]中的 1,2 分别加 1，得到[2,3,3]；第二步将[2,3,3]中的 2,3 分别加 1，得到[3,4,3]；第三步将[3,4,3]中的 3,3 分别加 1，得到[4,4,4]，即使得数组中所有元素均相同。

3. 代码实现

相关代码如下：

```
import java.util.Arrays;
public class Main {
    public static void main(String[] args) {
        int[] nums = {1, 2, 3};
        System.out.println("输入");
        System.out.println(Arrays.toString(nums));
        System.out.println("输出");
        System.out.println(minMoves(nums));
    }
    public static int minMoves(int[] nums) {
        int sumNum = 0;
        int minNum = Integer.MAX_VALUE;
        for (int num : nums) {
            sumNum += num;
            minNum = Math.min(minNum, num);
        }
        return sumNum - minNum * nums.length;
    }
}
```

4. 运行结果

输入：[1,2,3]

输出：3

实例 054 重复的子串模式

1. 问题描述

给定一个非空字符串 s，判断能否通过重复它的某个子串若干次(两次及以上)得到该字符串。给定字符串由小写字母组成，长度不超过 10000。

2. 问题示例

输入：s=abab

输出：true

注：字符串 abab 可以由它的子串 ab 重复两次得到。

3. 代码实现

相关代码如下：

```
public class Main {
    public static void main(String[] args) {
        String s = "abab";
        System.out.println("输入");
        System.out.println(s);
        System.out.println("输出");
        System.out.println(repeatedSubstringPattern(s));
    }
    public static boolean repeatedSubstringPattern(String s) {
        int l = s.length();
        int[] next = new int[l];
        next[0] = -1;
        int i, j = -1;
        for (i = 1; i < l; i++) {
            while (j >= 0 && s.charAt(i) != s.charAt(j + 1)) {
                j = next[j];
            }
            if (s.charAt(i) == s.charAt(j + 1)) {
                j++;
            }
            next[i] = j;
        }
        int lenSub = l - 1 - next[l - 1];
        return lenSub != l && l % lenSub == 0;
    }
}
```

4. 运行结果

输入：abab

输出：true

实例 055　补数

1. 问题描述

给定一个正整数，输出它的补数。补数是将原数字的二进制表示按位取反，再转换回十进制表示后得到的新数。给定的整数保证在 32 位有符号整数的范围内，并假设一个正整数的二进制表示不包含前导 0。

2. 问题示例

输入：num＝5

输出：2

注：5的二进制表示为101(不包含前导0),101的补数为010,因此输出2。

3. 代码实现

相关代码如下：

```
public class Main {
    public static void main(String[ ] args) {
        int num = 5;
        System.out.println("输入");
        System.out.println(num);
        System.out.println("输出");
        System.out.println(findComplement(num));
    }
    public static int findComplement(int num) {
        int highbit = 0;
        for (int i = 1; i <= 30; ++i) {
            if (num >= 1 << i) {
                highbit = i;
            } else {
                break;
            }
        }
        int mask = highbit == 30 ? 0x7fffffff : (1 << (highbit + 1)) - 1;
        return num ^ mask;
    }
}
```

4. 运行结果

输入：5

输出：2

实例 056 第三大的数

1. 问题描述

给定一个非空数组,返回此数组中第三大的数。如果第三大的数不存在,则返回数组中最大的数。要求算法时间复杂度必须是$O(n)$。

2. 问题示例

输入：nums＝[3，2，1]

输出：1

注：数组中第三大的数是1。

3. 代码实现

相关代码如下：

```
import java.util.Arrays;
public class Main {
    public static void main(String[] args) {
        int[] nums = {3, 2, 1};
        System.out.println("输入");
        System.out.println(Arrays.toString(nums));
        System.out.println("输出");
        System.out.println(thirdMax(nums));
    }
    public static int thirdMax(int[] nums) {
        long a = Long.MIN_VALUE, b = Long.MIN_VALUE, c = Long.MIN_VALUE;
        for (long num : nums) {
            if (num > a) {
                c = b;
                b = a;
                a = num;
            } else if (a > num && num > b) {
                c = b;
                b = num;
            } else if (b > num && num > c) {
                c = num;
            }
        }
        return c == Long.MIN_VALUE ? (int) a : (int) c;
    }
}
```

4. 运行结果

输入：[3，2，1]

输出：1

实例 057　转换为十六进制数

1. 问题描述

给定一个整数，写一个函数将其转换为十六进制数。对于负整数，需要使用[object Object]。

注：十六进制数的所有字母(a～f)必须为小写。十六进制数组成的字符串不能包含额外的前导 0，如果数字为 0，则将它表示为单个字符 0。给定数字保证在 32 位有符号整数的范围内。要求不使用任何库中现有的函数。

2. 问题示例

输入：num＝26

输出：1a

3. 代码实现

相关代码如下：

```
public class Main {
    public static void main(String[] args) {
        int num = 26;
        System.out.println("输入");
        System.out.println(num);
        System.out.println("输出");
        System.out.println(toHex(num));
    }
    public static String toHex(int num) {
        char[] map = {'0', '1', '2', '3', '4', '5', '6', '7', '8', '9', 'a', 'b', 'c', 'd', 'e', 'f'};
        String hex = "";
        if (num == 0) {
            return "0";
        }
        while (num != 0) {
            int bit = num & 15;
            hex = map[bit] + hex;
            num = (num >>> 4);
        }
        return hex;
    }
}
```

4. 运行结果

输入：26

输出：1a

实例 058　判断尾数

1. 问题描述

有一个 01 字符串 str，其中只出现三个单词，两字节的单词为 10 或 11，一字节的单词为 0。判断字符串中最后一个单词的字节数。注：字符串长度不超过 100000。

2. 问题示例

输入：str＝100

输出：1

注：str 由 10 和 0 两个单词构成。

3. 代码实现

相关代码如下：

```
public class Main {
    public static void main(String[] args) {
        String str = "100";
```

```
        System.out.println("输入");
        System.out.println(str);
        System.out.println("输出");
        System.out.println(judgeTheLastNumber(str));
    }
    public static int judgeTheLastNumber(String str) {
        int n = str.length(), i, cnt = 0;
        for (i = 0; i < n; ) {
            if (str.charAt(i) == '0') {
                i++;
                cnt = 1;
            } else if (str.charAt(i) == '1') {
                i += 2;
                cnt = 2;
            }
        }
        return cnt;
    }
}
```

4. 运行结果

输入：100

输出：1

实例 059 返回数组中出现奇数次的元素

1. 问题描述

给定一个只包含正整数的数组 a，判断该数组中出现奇数次的元素是否只有一个，如是，则返回该出现奇数次的元素，否则返回−1。

2. 问题示例

输入：$a=[1,1,2,2,3,4,4,5,5]$

输出：3

注：数组元素中只有 3 出现奇数次(1 次)，因此返回 3。

3. 代码实现

相关代码如下：

```
import java.util.Arrays;
import java.util.List;
public class Main {
    public static void main(String[ ] args) {
        List < Integer > a = Arrays.asList(1, 1, 2, 2, 3, 4, 4, 5, 5);
        System.out.println("输入");
        System.out.println(Arrays.toString(a.toArray()));
        System.out.println("输出");
        System.out.println(isValid(a));
```

```
    }
    public static int isValid(List<Integer> a) {
        int[] b;
        b = new int[1000500];
        int i;
        for (i = 0; i < a.size(); i++) b[i] = a.get(i);
        Arrays.sort(b, 0, a.size());
        int l = a.size();
        int tmp = 1;
        int ans = -1;
        int sum = 0;
        for (i = 1; i < l; i++)
            if (b[i] == b[i - 1]) {
                tmp++;
            } else {
                if (tmp % 2 != 0) {
                    if (sum > 0) {
                        return -1;
                    }
                    sum++;
                    ans = b[i - 1];
                }
                tmp = 1;
            }
        if (tmp % 2 != 0) {
            if (sum > 0) {
                return -1;
            }
            sum++;
            ans = b[i - 1];
        }
        return ans;
    }
}
```

4. 运行结果

输入：[1,1,2,2,3,4,4,5,5]

输出：3

实例 060　翻转字符串中的元音字母

1. 问题描述

请写一个方法，接收给定字符串作为输入，并翻转字符串中的元音字母。注：元音字母不包含 y。

2. 问题示例

输入：s＝hello

输出：holle

3. 代码实现

相关代码如下：

```
public class Main {
    public static void main(String[] args) {
        String s = "hello";
        System.out.println("输入");
        System.out.println(s);
        System.out.println("输出");
        System.out.println(reverseVowels(s));
    }
    public static String reverseVowels(String s) {
        int left = 0;
        int right = s.length() - 1;
        char[] strCharArray = s.toCharArray();
        while (left < right) {
            if (isVowel(strCharArray[left]) && isVowel(strCharArray[right])) {
                swap(strCharArray, left, right);
                ++left;
                --right;
            }
            if (!isVowel(strCharArray[left])) {
                ++left;
            }
            if (!isVowel(strCharArray[right])) {
                --right;
            }
        }
        return new String(strCharArray);
    }
    private static boolean isVowel(char chr) {
        return "aeiouAEIOU".indexOf(Character.toString(chr)) > -1;
    }
    private static void swap(char[] chars, int x, int y) {
        char tmp = chars[x];
        chars[x] = chars[y];
        chars[y] = tmp;
    }
}
```

4. 运行结果

输入：hello

输出：holle

实例 061　最高频率的 IP

1. 问题描述

给定一个字符串数组 ipLines,其中每个元素代表一个 IP 地址,请找到出现频率最高的 IP 地址。

2. 问题示例

输入：ipLines=[192.168.1.1,192.118.2.1,192.168.1.1]

输出：192.168.1.1

3. 代码实现

相关代码如下：

```
import java.util.Arrays;
import java.util.HashMap;
import java.util.Map;
public class Main {
    public static void main(String[] args) {
        String[] ipLines = {"192.168.1.1", "192.118.2.1", "192.168.1.1"};
        System.out.println("输入");
        System.out.println(Arrays.toString(ipLines));
        System.out.println("输出");
        System.out.print(highestFrequency(ipLines));
    }
    public static String highestFrequency(String[] ipLines) {
        String ans = ipLines[0];
        if (ipLines.length == 0 || ipLines == null) {
            return ans;
        }
        Map<String, Integer> map = new HashMap<>();
        for (int i = 0; i < ipLines.length; i++) {
            if (map.containsKey(ipLines[i])) {
                map.put(ipLines[i], map.get(ipLines[i]) + 1);
            } else {
                map.put(ipLines[i], 1);
            }
        }
        int max = 0;
        for (Map.Entry<String, Integer> entry : map.entrySet()) {
            if (entry.getValue() > max) {
                max = entry.getValue();
                ans = entry.getKey();
            }
        }
        return ans;
    }
}
```

4. 运行结果

输入：[192.168.1.1,192.118.2.1,192.168.1.1]

输出：192.168.1.1

实例 062　二分查找

1. 问题描述

给定一个升序排列的整数数组和一个要查找的整数 target，用 $O(\log n)$ 的时间查找到整数 target 在整数数组中第一次出现的下标数值(从 0 开始)，如果 target 不存在于数组中，则返回 −1。

2. 问题示例

输入：nums=[1,4,4,5,7,7,8,9,9,10],target=1

输出：0

3. 代码实现

相关代码如下：

```
import java.util.Arrays;
public class Main {
    public static void main(String[] args) {
        int[] nums = {1, 4, 4, 5, 7, 7, 8, 9, 9, 10};
        int target = 1;
        System.out.println("输入");
        System.out.println(Arrays.toString(nums));
        System.out.println(target);
        System.out.println("输出");
        System.out.println(binarySearch(nums, target));
    }
    public static int binarySearch(int[] nums, int target) {
        int idx = -1;
        int left = 0;
        int right = nums.length - 1;
        while (left <= right) {
            int mid = (int) ((left + right) / 2);
            if (nums[mid] == target) {
                idx = mid;
                break;
            } else if (nums[mid] < target) {
                left = mid + 1;
            } else {
                right = mid - 1;
            }
        }
        if (idx == 0) {
            return 0;
        }
```

```
            for (int j = idx - 1; j >= 0; j--) {
                System.out.println("idx");
                if (target != nums[j]) {
                    return j + 1;
                }
            }
            return -1;
        }
    }
```

4. 运行结果

输入：[1,4,4,5,7,7,8,9,9,10] 1

输出：0

实例 063 相同数字

1. 问题描述

给定一个数组，如果数组中存在相同数字，且至少有两个相同数字的距离小于给定值 k，则输出 YES，否则输出 NO。注：输入的数组长度为 n，保证 $n \leqslant 100000$。

2. 问题示例

输入：nums=[1,2,3,1,5,9,3]，$k=4$

输出：YES

注：index（索引）为 3 的 1 和 index 为 0 的 1 距离为 3，满足题意，故输出 YES。

3. 代码实现

相关代码如下：

```
import java.util.Arrays;
import java.util.HashMap;
import java.util.Map;
public class Main {
    public static void main(String[] args) {
        int[] nums = {1, 2, 3, 1, 5, 9, 3};
        int k = 4;
        System.out.println("输入");
        System.out.println(Arrays.toString(nums));
        System.out.println(k);
        System.out.println("输出");
        System.out.println(sameNumber(nums, k));
    }
    public static String sameNumber(int[] nums, int k) {
        if (nums == null || nums.length == 0) {
            return "NO";
        }
        Map<Integer, Integer> position = new HashMap<>();
        for (int i = 0; i < nums.length; i++) {
```

```
                if (position.containsKey(nums[i])) {
                    if (i - position.get(nums[i]) < k) {
                        return "YES";
                    }
                }
                position.put(nums[i], i);
            }
            return "NO";
        }
    }
```

4. 运行结果

输入：[1,2,3,1,5,9,3]　4

输出：YES

实例 064　路径和

1. 问题描述

给定一棵二叉树，确定该二叉树是否存在由根到叶的路径，使得沿路径的所有值相加等于给定的总和(sum)。

2. 问题示例

输入：tree=[5,4,8,11,#,13,4,7,2,#,#,#,#,#,1]，sum=22

输出：true

注：返回 true，因为存在路径 5→4→11→2，使得沿路径的所有值相加等于给定的总和 22。

给定二叉树如下：

```
       5
      / \
     4   8
    /   / \
   11  13  4
  /  \      \
 7    2      1
```

3. 代码实现

相关代码如下：

```
public class Main {
    public static void main(String[] args) {
        TreeNode treeNode1 = new TreeNode(5);
        TreeNode treeNode2 = new TreeNode(4);
        TreeNode treeNode3 = new TreeNode(8);
        TreeNode treeNode4 = new TreeNode(11);
        TreeNode treeNode5 = new TreeNode(13);
        TreeNode treeNode6 = new TreeNode(4);
```

```
        TreeNode treeNode7 = new TreeNode(7);
        TreeNode treeNode8 = new TreeNode(2);
        TreeNode treeNode9 = new TreeNode(1);
        treeNode6.setLeft(treeNode9);
        treeNode4.setLeft(treeNode8);
        treeNode4.setRight(treeNode7);
        treeNode3.setLeft(treeNode6);
        treeNode3.setRight(treeNode5);
        treeNode2.setRight(treeNode4);
        treeNode1.setLeft(treeNode3);
        treeNode1.setRight(treeNode2);
        int sum = 22;
        System.out.println("输入");
        System.out.println("[5,4,8,11,#,13,4,7,2,#,#,#,#,#,1]");
        System.out.println(sum);
        System.out.println("输出");
        System.out.println(pathSum(treeNode1, sum));
    }
    public static boolean pathSum(TreeNode root, int sum) {
        if (root == null) return false;
        else if (root.val == sum && root.left == null && root.right == null) return true;
        else return pathSum(root.left, sum - root.val) || pathSum(root.right, sum - root.val);
    }
}
class TreeNode {
    int val;
    public void setLeft(TreeNode left) {
        this.left = left;
    }
    public void setRight(TreeNode right) {
        this.right = right;
    }
    TreeNode left;
    TreeNode right;
    TreeNode(int x) {
        val = x;
    }
}
```

4. 运行结果

输入：[5,4,8,11,#,13,4,7,2,#,#,#,#,#,1]　　22

输出：true

实例 065　生成给定大小的数组

1. 问题描述

给定一个数组大小，将该大小作为条件，生成一个符合该条件的元素为 1～4 的数组。

2. 问题示例

输入：size＝4

输出：[1，2，3，4]

3. 代码实现

相关代码如下：

```
import java.util.ArrayList;
import java.util.Arrays;
public class Main {
    public static void main(String[] args) {
        int size = 4;
        System.out.println("输入");
        System.out.println(size);
        System.out.println("输出");
        System.out.print(Arrays.toString(generate(size).toArray()));
    }
    public static ArrayList<Integer> generate(int size) {
        ArrayList<Integer> result = new ArrayList<Integer>();
        for (int i = 1; i <= size; ++i)
            result.add(i);
        return result;
    }
}
```

4. 运行结果

输入：4

输出：[1,2,3,4]

实例 066　缺少的子串

1. 问题描述

给出两个字符串，相对于第一个字符串，请找出第二个字符串中缺少的子串。

2. 问题示例

输入：str1＝This is an example，str2＝is example

输出：[This,an]

3. 代码实现

相关代码如下：

```
import java.util.ArrayList;
import java.util.HashSet;
import java.util.List;
import java.util.Set;
public class Main {
    public static void main(String[] args) {
        String str1 = "This is an example", str2 = "is example";
```

```
        System.out.println("输入");
        System.out.println(str1);
        System.out.println(str2);
        System.out.println("输出");
        System.out.println(missingString(str1, str2));
    }
    public static List<String> missingString(String str1, String str2) {
        // Write your code here
        List<String> res = new ArrayList<>();
        if (str1.length() > str2.length()) {
            String temp = str1;
            str1 = str2;
            str2 = temp;
        }
        String[] arr1 = str1.split(" ");
        String[] arr2 = str2.split(" ");
        Set<String> set = new HashSet<>();
        for (String str : arr1) {
            set.add(str);
        }
        for (String str : arr2) {
            if (!set.contains(str)) {
                res.add(str);
            }
        }
        return res;
    }
}
```

4. 运行结果

输入：This is an example　is example

输出：[This,an]

实例 067　链表转换为数组

1. 问题描述

请将一个链表转换为一个数组。

2. 问题示例

输入：list＝1→2→3→null

输出：[1,2,3]

3. 代码实现

相关代码如下：

```
import java.util.ArrayList;
import java.util.List;
public class Main {
```

```
    public static void main(String[ ] args) {
        ListNode listNode1 = new ListNode(1);
        ListNode listNode2 = new ListNode(2);
        ListNode listNode3 = new ListNode(3);
        listNode1.next = listNode2;
        listNode2.next = listNode3;
        System.out.println("输入");
        listNodeOut(listNode1);
        System.out.println("输出");
        System.out.print(toArrayList(listNode1));
    }
    public static List<Integer> toArrayList(ListNode head) {
        List<Integer> result = new ArrayList<Integer>();
        while (head != null) {
            result.add(head.val);
            head = head.next;
        }
        return result;
    }
    public static void listNodeOut(ListNode head) {
        if (head == null) {
            System.out.println("null");
            return;
        }
        System.out.print(head.val);
        System.out.print("->");
        while (head.next != null) {
            head = head.next;
            System.out.print(head.val);
            System.out.print("->");
        }
        System.out.println("null");
    }
}
class ListNode {
    int val;
    ListNode next;
    ListNode(int x) {
        val = x;
        next = null;
    }
}
```

4. 运行结果

输入：1→2→3→null

输出：[1,2,3]

实例 068 简单计算器

1．问题描述

给出两个整数 a、b 及一个操作符(operator,可以为＋、－、＊或/),返回 a < operator > b 的结果。

2．问题示例

输入：$a=1$,operator＝＋,$b=2$

输出：3

注：返回 1＋2 的结果。

3．代码实现

相关代码如下：

```
public class Main {
    public static void main(String[ ] args) {
        int a = 1;
        char operator = '+';
        int b = 2;
        System.out.println("输入");
        System.out.println(a);
        System.out.println(operator);
        System.out.println(b);
        System.out.println("输出");
        System.out.println(calculate(a, operator, b));
    }
    public static int calculate(int a, char operator, int b) {
        switch (operator) {
            case '+':
                return a + b;
            case '-':
                return a - b;
            case '*':
                return a * b;
            case '/':
                return a / b;
        }
        return 0;
    }
}
```

4．运行结果

输入：1＋2

输出：3

实例 069　将字符转换为整数

1. 问题描述

请将字符转换为一个整数，假设字符是 ASCII 码，转换后的整数在 0～255。

2. 问题示例

输入：character=a

输出：97

注：返回 ASCII 码中对应的数字。

3. 代码实现

相关代码如下：

```
public class Main {
    public static void main(String[ ] args) {
        char character = 'a';
        System.out.println("输入");
        System.out.println(character);
        System.out.println("输出");
        System.out.println(charToInteger(character));
    }
    public static int charToInteger(char character) {
        return (int) character;
    }
}
```

4. 运行结果

输入：a

输出：97

实例 070　数字转换问题

1. 问题描述

给定转换数字 n，如果 n 是奇数，则将 n 乘以 3 并加 1；如果 n 是偶数，则将 n 除以 2，经过若干次转换后，n 会变成 1。现在给出一个 n，请输出它转换到 1 所需要的步骤数。$1 \leqslant n \leqslant 1000000$。

2. 问题示例

输入：$n=2$

输出：1

注：2→1

3. 代码实现

相关代码如下：

```
public class Main {
    public static void main(String[ ] args) {
        int n = 2;
        System.out.println("输入");
        System.out.println(n);
        System.out.println("输出");
        System.out.println(digitConvert(n));
    }
    public static int digitConvert(int n) {
        //Write your code here
        int cnt = 0;
        while (n != 1) {
            if (n % 2 == 1) {
                n = 3 * n + 1;
            } else {
                n = n / 2;
            }
            cnt++;
        }
        return cnt;
    }
}
```

4. 运行结果

输入：2

输出：1

实例 071　寻找最大值

1. 问题描述

请寻找 n 个数中的最大值。

2. 问题示例

输入：nums=[1，2，3，4，5]

输出：5

3. 代码实现

相关代码如下：

```
import java.util.Arrays;
import java.util.List;
public class Main {
    public static void main(String[ ] args) {
        List < Integer > nums = Arrays.asList(1, 2, 3, 4, 5);
        System.out.println("输入");
```

```
        System.out.println(Arrays.toString(nums.toArray()));
        System.out.println("输出");
        System.out.println(maxNum(nums));
    }
    public static int maxNum(List<Integer> nums) {
        return maxNum(nums, 0, nums.size() - 1);
    }
    private static int maxNum(List<Integer> nums, int start, int end) {
        if (start > end) {
            return Integer.MIN_VALUE;
        }
        return Math.max(nums.get(start), maxNum(nums, start + 1, end));
    }
}
```

4. 运行结果

输入：[1，2，3，4，5]

输出：5

实例 072　转换字符串为整数

1. 问题描述

给定一个字符串 target，请将其转换为整数。假设这个字符串是一个有效整数的字符串形式，且在 32 位整数范围内。

2. 问题示例

输入：target＝123

输出：123

注：返回对应的数字。要考虑给定的字符串是否有符号位，然后从高位开始循环累加。

3. 代码实现

相关代码如下：

```
public class Main {
    public static void main(String[] args) {
        String target = "123";
        System.out.println("输入");
        System.out.println(target);
        System.out.println("输出");
        System.out.println(stringToInteger(target));
    }
    public static int stringToInteger(String target) {
        int n = Integer.parseInt(target);
        return n;
    }
}
```

4. 运行结果

输入：123

输出：123

实例 073　旋转字符数组

1. 问题描述

给定一个字符数组 s 和一个偏移量，根据偏移量从左向右旋转字符数组。旋转方式为：将字符数组最左侧的字符依次移动到字符数组的最右侧，移动字符的数量为给定的偏移量。注：offset $\geqslant 0$，s 的长度大于或等于 0。

2. 问题示例

输入：s＝abcdefg，offset＝3

输出：efgabcd

3. 代码实现

相关代码如下：

```
public class Main {
    public static void main(String[] args) {
        char[] s = "abcdefg".toCharArray();
        int offset = 3;
        System.out.println("输入");
        System.out.println("abcdefg");
        System.out.println(offset);
        System.out.println("输出");
        rotateString(s, offset);
        System.out.println(String.valueOf(s));
    }
    public static void rotateString(char[] s, int offset) {
        if (s.length == 0 || s == null) {
            return;
        }
        offset = offset % s.length;
        char temp = ' ';
        char next = ' ';
        for (int j = 0; j < offset; j++) {
            temp = s[0];
            for (int i = 1; i < s.length; i++) {
                next = s[i];
                s[i] = temp;
                temp = next;
            }
            s[0] = temp;
        }
    }
}
```

4. 运行结果

输入：abcdefg　3

输出：efgabcd

实例 074　求数组元素中的最大值

1. 问题描述

给出一个浮点数数组 A，求数组元素中的最大值。

2. 问题示例

输入：$A=[1.0, 2.1, -3.3]$

输出：2.1

3. 代码实现

相关代码如下：

```
import java.util.Arrays;
public class Main {
    public static void main(String[] args) {
        float[] A = {1.0, 2.1, - 3.3};
        System.out.println("输入");
        System.out.println(Arrays.toString(A));
        System.out.println("输出");
        System.out.println(maxOfArray(A));
    }
    public static float maxOfArray(float[] A) {
        float max = A[0];
        for (int i = 1; i < A.length; i++) {
            if (A[i] > max) {
                max = A[i];
            }
        }
        return max;
    }
}
```

4. 运行结果

输入：[1.0,2.1,−3.3]

输出：2.1

实例 075　翻转一个三位整数

1. 问题描述

翻转一个只有三位数的整数。

2. 问题示例

输入：number＝123

输出：321

3. 代码实现

相关代码如下：

```
public class Main {
    public static void main(String[] args) {
        int number = 123;
        System.out.println("输入");
        System.out.println(number);
        System.out.println("输出");
        System.out.println(reverseInteger(number));
    }
    public static int reverseInteger(int number) {
        int num1 = number % 10;
        int num2 = (number / 10) % 10;
        int num3 = ((number / 10) / 10) % 10;
        return num3 + num2 * 10 + num1 * 100;
    }
}
```

4. 运行结果

输入：123

输出：321

实例 076　输出 X

1. 问题描述

请输入一个正整数 n，需要按样例的方式返回一个字符串列表。

样例 1：

输入：1

输出：[X]

答案列表可以被视为下面的图形：

X

样例 2：

输入：2

输出：[XX，XX]

答案列表可以被视为下面的图形：

XX，

XX

样例 3：
输入：3
输出：[X X，X，X X]
图形：(0 代表空格)
X0X，
0X0，
X0X

样例 4：
输入：4
输出：[X X，XX，XX，X X]
图形：(0 代表空格)
X00X，
0XX0，
0XX0，
X00X

样例 5：
输入：5
输出：[X X，X X，X，X X，X X]
图形：(0 代表空格)
X000X，
0X0X0，
00X00，
0X0X0，
X000X

2. 问题示例

输入：$n=1$
输出：[X]

3. 代码实现

相关代码如下：

```
import java.util.ArrayList;
import java.util.Arrays;
import java.util.List;
```

```
public class Main {
    public static void main(String[] args) {
        int n = 1;
        System.out.println("输入");
        System.out.println(n);
        System.out.println("输出");
        System.out.print(Arrays.toString(printX(n).toArray()));
    }
    public static List<String> printX(int n) {
        ArrayList<String> res = new ArrayList<>();
        char[] line = new char[n];
        for (int i = 0; i < n; i++) {
            for (int j = 0; j < n; j++) {
                line[j] = ' ';
            }
            line[i] = 'X';
            line[n - i - 1] = 'X';
            res.add(String.valueOf(line));
        }
        return res;
    }
}
```

4. 运行结果

输入：1

输出：[X]

实例 077 判断数字与字母

1. 问题描述

给出一个数据 c，如果它是一个数字或字母，则返回 true，否则返回 false。

2. 问题示例

输入：$c=1$

输出：true

3. 代码实现

相关代码如下：

```
public class Main {
    public static void main(String[] args) {
        char c = '1';
        System.out.println("输入");
        System.out.println(c);
        System.out.println("输出");
        System.out.println(isAlphanumeric(c));
    }
    public static boolean isAlphanumeric(char c) {
```

```
        return (c >= '0' && c <= '9') || (c >= 'A' && c <= 'Z') || (c >= 'a' && c <= 'z');
    }
}
```

4．运行结果

输入：1

输出：true

实例 078　列表转换

1．问题描述

给定一个列表，该列表中的每个元素要么是列表，要么是整数。请将其转换成一个只包含整数的简单列表。如果给定列表中的元素本身也是一个列表，那么这个列表也可以包含列表。

2．问题示例

输入：list=[[1,1],2,[1,1]]

输出：[1,1,2,1,1]

3．代码实现

相关代码如下：

```
import java.util.*;
public class Main {
    public static void main(String[] args) {
        List<NestedInteger> nestedList = new ArrayList<>();
        List<NestedInteger> nestedList2 = new ArrayList<>();
        nestedList2.add(new NestedInteger(1));
        nestedList2.add(new NestedInteger(1));
        List<NestedInteger> nestedList3 = new ArrayList<>();
        nestedList3.add(new NestedInteger(1));
        nestedList3.add(new NestedInteger(1));
        nestedList.add(new NestedInteger(nestedList2));
        nestedList.add(new NestedInteger(2));
        nestedList.add(new NestedInteger(nestedList3));
        System.out.println("输入");
        System.out.println("[[1,1],2,[1,1]]");
        System.out.println("输出");
        System.out.println(Arrays.toString(flatten(nestedList).toArray()));
    }
    public static List<Integer> flatten(List<NestedInteger> nestedList) {
        Stack<Iterator<NestedInteger>> s = new Stack<>();
        s.push(nestedList.iterator());
        List<Integer> ans = new ArrayList<>();
        while (!s.isEmpty()) {
            Iterator<NestedInteger> i = s.pop();
```

```
            while (i.hasNext()) {
                NestedInteger n = i.next();
                if (n.isInteger()) {
                    ans.add(n.getInteger());
                } else {
                    s.push(i);
                    s.push(n.getList().iterator());
                    break;
                }
            }
        }
        return ans;
    }
    static class NestedInteger {
        private List<NestedInteger> list;
        private Integer integer;
        public NestedInteger(List<NestedInteger> list) {
            this.list = list;
        }
        public NestedInteger(Integer integer) {
            this.integer = integer;
        }
        public void add(NestedInteger nestedInteger) {
            if (this.list != null) {
                this.list.add(nestedInteger);
            } else {
                this.list = new ArrayList();
                this.list.add(nestedInteger);
            }
        }
        public boolean isInteger() {
            return integer != null;
        }
        public Integer getInteger() {
            return integer;
        }
        public List<NestedInteger> getList() {
            return list;
        }
    }
}
```

4. 运行结果

输入：[[1,1],2,[1,1]]

输出：[1,1,2,1,1]

实例 079 字符串查找

1. 问题描述

给定 source 字符串和 target 字符串，请找出 target 在 source 中第一次出现的位置（从 0 开始）。如果 target 字符串在 source 字符串中不存在，则返回－1。

2. 问题示例

输入：source＝source，target＝target

输出：－1

3. 代码实现

相关代码如下：

```
public class Main {
    public static void main(String[] args) {
        String source = "source";
        String target = "target";
        System.out.println("输入");
        System.out.println(source);
        System.out.println(target);
        System.out.println("输出");
        System.out.println(strStr(source, target));
    }
    public static int strStr(String source, String target) {
        int sourceLen = source.length();
        int targetLen = target.length();
        if (targetLen == 0) {
            return 0;
        }
        if (targetLen > sourceLen) {
            return -1;
        }
        for (int i = 0; i < sourceLen - targetLen + 1; i++) {
            int k = i;
            for (int j = 0; j < targetLen; j++) {
                if (source.charAt(k) == target.charAt(j)) {
                    if (j == targetLen - 1) {
                        return i;
                    }
                    k++;
                }
                else {
                    break;
                }
            }
```

```
        }
        return -1;
    }
}
```

4. 运行结果

输入：source　target

输出：－1

实例 080　元素和最小的子数组

1. 问题描述

给定一个整数数组，请找到元素的和最小的连续子数组，并返回其元素的和。

2. 问题示例

输入：nums＝[1,－1,－2,1]

输出：－3

3. 代码实现

相关代码如下：

```
import java.util.Arrays;
import java.util.List;
public class Main {
    public static void main(String[] args) {
        List<Integer> nums = Arrays.asList(new Integer[]{1, -1, -2, 1});
        System.out.println("输入");
        System.out.println(nums);
        System.out.println("输出");
        System.out.println(minSubArray(nums));
    }
    public static int minSubArray(List<Integer> nums) {
        if (nums == null || nums.size() == 0) {
            return 0;
        }
        int ans = Integer.MAX_VALUE, maxSum = 0, sum = 0;
        for (int i = 0; i < nums.size(); i++) {
            sum += nums.get(i);
            ans = Math.min(ans, sum - maxSum);
            maxSum = Math.max(maxSum, sum);
        }
        return ans;
    }
}
```

4. 运行结果

输入：[1,－1,－2,1]

输出：－3

实例 081　有序数组的平方

1. 问题描述

给定一个按非递减顺序排列的整数数组 a，返回每个数字的平方组成的新数组，要求新数组也按非递减顺序排列。注：$1 \leqslant A.\text{length} \leqslant 10000$，$-10000 \leqslant a[i] \leqslant 10000$。

2. 问题示例

输入：$a=[-4,-1,0,3,10]$

输出：[0,1,9,16,100]

3. 代码实现

相关代码如下：

```java
import java.util.Arrays;
public class Main {
    public static void main(String[] args) {
        int[] a = {-4, -1, 0, 3, 10};
        System.out.println("输入");
        System.out.println(Arrays.toString(a));
        System.out.println("输出");
        System.out.print(Arrays.toString(squareArray(a)));
    }
    public static int[] squareArray(int[] a) {
        int n = a.length;
        int[] ans = new int[n];
        for (int i = 0, j = n - 1, pos = n - 1; i <= j; ) {
            if (a[i] * a[i] > a[j] * a[j]) {
                ans[pos] = a[i] * a[i];
                ++i;
            } else {
                ans[pos] = a[j] * a[j];
                --j;
            }
            --pos;
        }
        return ans;
    }
}
```

4. 运行结果

输入：[-4,-1,0,3,10]

输出：[0,1,9,16,100]

实例 082 捡胡萝卜

1. 问题描述

给定一个 $n \times m$ 的矩阵 carrot，carrot[i][j]表示位于(i,j)坐标的胡萝卜数量。

从矩阵的中心点出发，每次朝着四个方向中胡萝卜数量最多的方向移动，保证移动方向唯一。返回可以得到的胡萝卜数量。n 和 m 的长度在[1,300]内；carrot[i][j]的取值在[1,20000]内；中心点是向下取整数，例如，$n=4$，$m=4$，则起始点是(1,1)，即格子的第二行第二列的那个点。如果格子四周都没有胡萝卜，则停止移动。

2. 问题示例

输入：carrot＝

[[5, 7, 6, 3],

[2,4, 8, 12],

[3, 5, 10, 7],

[4, 16, 4, 17]]

输出：83

注：起点坐标是(1,1)，移动路线是 4→8→12→7→17→4→16→5→10。

3. 代码实现

相关代码如下：

```
import java.util.Arrays;
public class Main {
    public static void main(String[] args) {
        int[][] carrot = {{5, 7, 6, 3}, {2, 4, 8, 12}, {3, 5, 10, 7}, {4, 16, 4, 17}};
        System.out.println("输入");
        System.out.println(Arrays.deepToString(carrot));
        System.out.println("输出");
        System.out.println(pickCarrots(carrot));
    }
    public static int pickCarrots(int[][] carrot) {
        int n = carrot.length;
        int m = carrot[0].length;
        int centralN = (n - 1) / 2;
        int centrolM = (m - 1) / 2;
        int init = carrot[centralN][centrolM];
        int i = centralN;
        int j = centrolM;
        int[][] position = new int[n][m];
        position[centralN][centrolM] = 1;
        while (i < n || j < m) {
            int up = i - 1 >= 0 && position[i - 1][j] != 1 ? carrot[i - 1][j] : -1;
            int left = j - 1 >= 0 && position[i][j - 1] != 1 ? carrot[i][j - 1] : -1;
            int down = i + 1 < n && position[i + 1][j] != 1 ? carrot[i + 1][j] : -1;
            int right = j + 1 < m && position[i][j + 1] != 1 ? carrot[i][j + 1] : -1;
```

```
                if (left > up && left > right && left > down && position[i][j - 1] != 1) {
                    init += left;
                    j = j - 1;
                } else if (up > left && up > right && up > down && position[i - 1][j] != 1) {
                    init += up;
                    i = i - 1;
                } else if (right > left && right > up && right > down && position[i][j + 1] != 1) {
                    init += right;
                    j = j + 1;
                } else if (down > left && down > up && down > right && position[i + 1][j] != 1) {
                    init += down;
                    i = i + 1;
                } else {
                    break;
                }
                position[i][j] = 1;
            }
            return init;
        }
}
```

4. 运行结果

输入：[[5,7,6,3],[2,4,8,12],[3,5,10,7],[4,16,4,17]]

输出：83

实例 083　安排面试的城市

1. 问题描述

有 N 个面试者需要面试，公司安排了两个面试的城市 A 和 B，每个面试者到 A 城市的开销和到 B 城市的开销表示为[costA，costB]。公司需要将面试者均分成两拨，使得总开销(total cost)最小，且去 A 城市的人数和去 B 城市的人数相等。给出面试者的开销列表，输出总开销的最小值。注：N 为偶数。

2. 问题示例

输入：a=[[5,4],[3,6],[1,8],[3,9]]

输出：14

注：第一个人和第二个人去 B 城市，剩下的人去 A 城市。

3. 代码实现

相关代码如下：

```
import java.util.*;
import java.util.stream.Collectors;
public class Main {
    public static void main(String[] args) {
        int[][] a = {{5, 4}, {3, 6}, {1, 8}, {3, 9}};
        List<List<Integer>> cost = Arrays.stream(a).map(l -> {
```

```
            return Arrays.stream(l)
                    .boxed().collect(Collectors.toList());
        }).collect(Collectors.toList());
        System.out.println("输入");
        System.out.println(cost);
        System.out.println("输出");
        System.out.println(totalCost(cost));
    }
    public static int totalCost(List<List<Integer>> cost) {
        Collections.sort(cost, (o1, o2) -> {
            return o1.get(0) - o1.get(1) - (o2.get(0) - o2.get(1));
        });
        int total = 0;
        int n = cost.size() / 2;
        for (int i = 0; i < n; ++i) total += cost.get(i).get(0) + cost.get(i + n).get(1);
        return total;
    }
}
```

4. 运行结果

输入：[[5,4],[3,6],[1,8],[3,9]]

输出：14

实例 084 延伸字符串

1. 问题描述

给定一个字符串。如果字符串中有相同字符连续存在，且重复次数大于或等于 2，则保留其中 1 个或 2 个字符，并删掉其余重复字符，保证新的字符串中不会连续存在 2 个以上的相同字符。如果输入的字符串已经满足要求，则可以不对它进行任何操作。输出符合条件的字符串数量。注：单词的长度在[1,35]内。

2. 问题示例

输入：S=hellllllooo

输出：4

3. 代码实现

相关代码如下：

```
public class Main {
    public static void main(String[] args) {
        String S = "hellllllooo";
        System.out.println("输入");
        System.out.println(S);
        System.out.println("输出");
        System.out.println(stretchWord(S));
    }
```

```
    public static long stretchWord(String S) {
        int cnt = 1;
        long ans = 1;
        for (int i = 1; i < S.length(); i++) {
            if (S.charAt(i) != S.charAt(i - 1)) {
                if (cnt >= 2) {
                    ans *= 2;
                    cnt = 1;
                }
            } else {
                cnt++;
            }
        }
        if (cnt >= 2) {
            ans *= 2;
        }
        return ans;
    }
}
```

4. 运行结果

输入：hellllllooo

输出：4

实例 085　目标移动

1. 问题描述

给定一个数组 nums 及一个整数 target。将数组中等于 target 的元素移动到数组的最前面，其余元素相对顺序不变。数组的长度在[1,100000]内。如果数组中未出现 target，则不需要对原数组进行修改。

2. 问题示例

输入：nums=[5, 1, 6, 1]，target=1

输出：[1, 1, 5, 6]

注：1 是目标值，故将所有的 1 移动到数组最前面。

3. 代码实现

相关代码如下：

```
import java.util.Arrays;
public class Main {
    public static void main(String[] args) {
        int[] nums = {5, 1, 6, 1};
        int target = 1;
        System.out.println("输入");
        System.out.println(Arrays.toString(nums));
        System.out.println(target);
```

```
        moveTarget(nums, target);
        System.out.println("输出");
        System.out.print(Arrays.toString(nums));
    }
    public static void moveTarget(int[] nums, int target) {
        int index = nums.length;
        if (1 >= index) return;
        for (int x = index - 1, y = x; 0 <= x; x--) {
            if (target != nums[x]) {
                nums[y] = nums[x];
                index--;
                y--;
            }
        }
        if (nums.length != index) {
            while (0 < index) {
                nums[--index] = target;
            }
        }
    }
}
```

4. 运行结果

输入：[5,1,6,1]　1

输出：[1,1,5,6]

实例 086　飞机座位

1. 问题描述

假设一个四口之家必须坐在一排当中连续的 4 个座位上。过道上的座位(如 2C 和 2D)不被认为是彼此相邻的,一家人被过道分开是可以的,但在这种情况下必须每侧坐两个人。请编写一个函数：class Solution {public int solution,int n,String s}。

函数中 n 表示有 n 排座位,s 表示已经被占用的座位。函数返回剩下的座位最多能安排几个四口之家。例如,$n=2$,$s=$1A 2F 1C,函数返回 2。

当 $n=1$,$s=$" "(空字符串),函数返回 2,因为在一排空座位中最多可以安排 2 个四口之家的座位。n 是在[1,50]内的整数；字符串 s 由有效的座位名称组成,并用单个空格分隔；每个座位号最多在字符串 s 中出现一次。

2. 问题示例

输入：$n=2$,$s=$1A 2F 1C

输出：2

3. 代码实现

相关代码如下：

```
import java.util.HashSet;
```

```java
public class Main {
    public static void main(String[] args) {
        int n = 2;
        String s = "1A 2F 1C";
        System.out.println("输入");
        System.out.println(n);
        System.out.println(s);
        System.out.println("输出");
        System.out.println(solution(n, s));
    }
    public static int solution(int n, String s) {
        if (s.equals("")) {
            return 2 * n;
        }
        String[] occupied = s.split(" ");
        HashSet<Integer> unabled = new HashSet<>();
        String[] situation = {"DEFG", "BCDE", "FGHI"};
        int res = 2 * n;
        for (String seat : occupied) {
            int line = Integer.valueOf(seat.substring(0, seat.length() - 1));
            for (int i = 0; i < situation.length; ++i) {
                if (situation[i].indexOf(seat.charAt(seat.length() - 1)) != -1) {
                    if (!unabled.contains(line * 10 + i)) {
                        if(i == 0 && (!unabled.contains(line * 10 + 1) || !unabled.
contains(line * 10 + 2))) res++;
                        else if (unabled.contains(line * 10 + 3 - i) && !unabled.contains
(line * 10)) res++;
                        unabled.add(line * 10 + i);
                    }
                }
            }
        }
        return res - unabled.size();
    }
}
```

4. 运行结果

输入：2　　1A 2F 1C

输出：2

实例 087　输出序列中出现 X 次的最大数字 X

1. 问题描述

给定一个由 N 个整数组成的序列 arr，请输出在 arr 中恰好出现 X 次的最大数字 X。如果没有这样的值，则输出 0。

2. 问题示例

输入：arr=[3,8,2,3,3,2]

输出：3

注：序列中2出现2次，3出现3次，且2和3中的最大值是3，因此答案是3。

3. 代码实现

相关代码如下：

```
import java.util.Arrays;
import java.util.HashMap;
public class Main {
    public static void main(String[] args) {
        int[] arr = {3, 8, 2, 3, 3, 2};
        System.out.println("输入");
        System.out.println(Arrays.toString(arr));
        System.out.println("输出");
        System.out.println(findX(arr));
    }
    public static int findX(int[] arr) {
        HashMap<Integer, Integer> count = new HashMap<>();
        for (int num : arr) {
            count.put(num, count.getOrDefault(num, 0) + 1);
        }
        int answer = 0;
        for (int key : count.keySet()) {
            if (key == count.get(key)) {
                answer = Math.max(answer, key);
            }
        }
        return answer;
}
}
```

4. 运行结果

输入：[3,8,2,3,3,2]

输出：3

实例088 旋转数字

1. 问题描述

当整个数字绕平面内任意一点旋转180°之后仍是其本身，例如1、2、0、12021、69、96，则称其为“好数”。给定正整数$n(1\leqslant n\leqslant 40)$，需要统计长度为$n$的好数有多少个。注：①旋转的是好数整体，而不是每个数字单独旋转；②除0以外，好数不能含有前导0。

2. 问题示例

输入：$n=1$

输出：5

注：5个好数为0、1、2、5和8。

3. 代码实现

相关代码如下：

```
public class Main {
    public static void main(String[ ] args) {
        int n = 1;
        System.out.println("输入");
        System.out.println(n);
        System.out.println("输出");
        System.out.println(rotatedNums(n));
    }
    public static long rotatedNums(int n) {
        if (n == 1) {
            return 5;
        }
        if (n == 2) {
            return 6;
        }
        if (n % 2 == 0) {
            return (long) Math.pow(7, (n / 2 - 1)) * 6;
        } else {
            return 5 * (long) Math.pow(7, (n / 2 - 1)) * 6;
        }
    }
}
```

4. 运行结果

输入：1

输出：5

实例 089　返回字符串中出现次数最多的单词

1. 问题描述

给出一个字符串，内容为一段英文，返回字符串中出现次数最多的单词（如果出现次数最多的单词有多个，则返回字典序最小的一个）。注：①1≤paragraph.length≤50000，答案唯一，且返回单词的小写形式（即使它以大写字母出现在段落中，或是一个专有名词）；②段落仅由字母、空格、标点“,”“!”“?”“'”“;”“.”组成；③不同的单词会被空格隔开；④单词间或单词内均没有连字符；⑤单词没有所有格，单词中也没有别的标点符号。

2. 问题示例

输入：paragraph=Bob hit a ball,the hit BALL flew far after it was hit.

输出：“hit”

3. 代码实现

相关代码如下：

```
import java.util.HashMap;
```

```
import java.util.Map;
public class Main {
    public static void main(String[] args) {
        String paragraph = "Bob hit a ball, the hit BALL flew far after it was hit.";
        System.out.println("输入");
        System.out.println(paragraph);
        System.out.println("输出");
        System.out.println(mostCommonWord(paragraph));
    }
    public static String mostCommonWord(String paragraph) {
        paragraph += ".";
        String str = paragraph.toLowerCase();
        str = str.replace(",", " ");
        str = str.replace("!", " ");
        str = str.replace("?", " ");
        str = str.replace("'", " ");
        str = str.replace(";", " ");
        str = str.replace(".", " ");
        String[] arr = str.split(" ");
        Map<String, Integer> map = new HashMap<String, Integer>();
        for (String ss : arr) {
            if (!ss.trim().isEmpty()) {
                map.put(ss.trim(), map.getOrDefault(ss.trim(), 0) + 1);
            }
        }
        int max = Integer.MIN_VALUE;
        String result = "";
        for (Map.Entry<String, Integer> entry : map.entrySet()) {
            if (entry.getValue() > max) {
                max = entry.getValue();
                result = entry.getKey();
            }
            if (entry.getValue() == max && entry.getKey().compareTo(result) < 0) {
                result = entry.getKey();
            }
        }
        return result;
    }
}
```

4. 运行结果

输入：Bob hit a ball，the hit BALL flew far after it was hit.

输出：Hit

实例 090　回文子串

1. 问题描述

某同学喜欢玩文字游戏，他希望在一个字符串中找到回文子串(回文子串是从左向右读

和从右向左读都相同的字符串，例如 121 和 tacocat）。子串是一个字符串中任意连续字符构成的字符串。给定一个字符串 s，求出 s 的回文子串个数。例如，s＝mokkori，它的子串有[m,o,k,r,i,mo,ok,mok,okk,kk,okko,…]，其中有 7 个不同的回文子串。注：$1\leqslant|s|\leqslant 5000$，字符串中的字符为字母 a～z。

2. 问题示例

输入：str＝abaaa

输出：5

注：5 个回文子串如下。

a

aa

aaa

aba

b

3. 代码实现

相关代码如下：

```
import java.util.HashSet;
public class Main {
    public static void main(String[] args) {
        String str = "abaaa";
        System.out.println("输入");
        System.out.println(str);
        System.out.println("输出");
        System.out.println(countSubstrings(str));
    }
    public static int countSubstrings(String s) {
        int N = s.length();
        HashSet<String> ans = new HashSet<String>();
        for (int center = 0; center <= 2 * N - 1; ++center) {
            int left = center / 2;
            int right = left + center % 2;
            while (left >= 0 && right < N && s.charAt(left) == s.charAt(right)) {
                ans.add(s.substring(left, right + 1));
                left--;
                right++;
            }
        }
        return ans.size();
    }
}
```

4. 运行结果

输入：abaaa

输出：5

实例 091 数组划分

1. 问题描述

给定一个整数数组和一个整数 k，请判断给定的数组是否可以划分为若干大小为 k 的子序列。给定的数组长度小于或等于 100000，且满足以下条件：①数组中的每个整数出现且仅出现在一个子序列中；②每个子序列中的整数都是互不相同的。请问能否对满足上述条件的数组进行划分，如果能，则返回 true，否则返回 false。

2. 问题示例

输入：array=[1,2,2,3]，$k=3$

输出：false

3. 代码实现

相关代码如下：

```java
import java.util.Arrays;
import java.util.HashMap;
public class Main {
    public static void main(String[] args) {
        int[] array = {1, 2, 2, 3};
        int k = 3;
        System.out.println("输入");
        System.out.println(Arrays.toString(array));
        System.out.println(k);
        System.out.println("输出");
        System.out.println(partitionArratIII(array, k));
    }
    public static boolean partitionArratIII(int[] array, int k) {
        int length = array.length;
        if (length % k != 0) return false;
        HashMap<Integer, Integer> count = new HashMap<>();
        for (int num : array) {
            int tmp = count.getOrDefault(num, 0);
            if (tmp >= length / k) return false;
            count.put(num, tmp + 1);
        }
        return true;
    }
}
```

4. 运行结果

输入：[1,2,2,3]　3

输出：false

实例 092　使指针停在索引 0 处的方案数

1. 问题描述

给定一个长度为 arrLen 的数组，开始时有一个指针在索引 0 处。每步操作中，指针或向左或向右移动 1 步，或停在原地（指针不能移动到数组范围外）。

给定操作步骤数 steps，请返回在执行 steps 次操作以后，指针仍然指向索引 0 处的方案数。

2. 问题示例

输入：steps=3，arrLen=2

输出：4

注：执行 3 次操作后，共有 4 种不同的方案可以使指针停在索引 0 处：①向右，向左，不动；②不动，向右，向左；③向右，不动，向左；④不动，不动，不动。

3. 代码实现

相关代码如下：

```
public class Main {
    public static void main(String[ ] args) {
        int steps = 3,arrLen = 2;
        System.out.println("输入");
        System.out.println(steps);
        System.out.println(arrLen);
        System.out.println("输出");
        System.out.println(numWays(steps, arrLen));
    }
    public static int dfs(int left, int cur, int arrLen) {
        if (cur >= arrLen || cur < 0) return 0;
        if (left == 0) {
            if (cur == 0) return 1;
            return 0;
        }
        if (cur > left) return 0;
        return (dfs(left - 1, cur, arrLen) + dfs(left - 1, cur - 1, arrLen) + dfs(left -
1, cur + 1, arrLen));
    }
    public static int numWays(int steps, int arrLen) {
        return dfs(steps, 0, arrLen);
    }
}
```

4. 运行结果

输入：3　　2

输出：4

实例 093 数组的最长前缀

1. 问题描述

给定两个正整数 x 和 y，以及正整数数组 nums。请找到一个最大的 index，使得在数组元素 nums[0]，nums[1]，…，nums[index]中，x 和 y 出现的次数相等，且至少均出现一次，返回 index。若不存在此 index，则返回−1。注：nums 的数组长度在[0,1000000]内，nums[i]，x 和 y 的在[1,1000000]内。

2. 问题示例

输入：x=2，y=4，nums=[1, 2, 3, 4, 4, 3]

输出：3

注：保证 2 和 4 出现相同次数的最长前缀是{1,2,3,4}，所以返回 3。

3. 代码实现

相关代码如下：

```
import java.util.Arrays;
public class Main {
    public static void main(String[ ] args) {
        int x = 2, y = 4;
        int[ ] nums = {1, 2, 3, 4, 4, 3};
        System.out.println("输入");
        System.out.println(x);
        System.out.println(y);
        System.out.println(Arrays.toString(nums));
        System.out.println("输出");
        System.out.println(longestPrefix(x, y, nums));
    }
    public static int longestPrefix(int x, int y, int[ ] nums) {
        int index = -1;
        int xTimes = 0;
        int yTimes = 0;
        for (int i = 0; i < nums.length; i++) {
            if (x == nums[i]) {
                xTimes++;
            }
            if (y == nums[i]) {
                yTimes++;
            }
            if (xTimes > 0 && yTimes > 0 && xTimes == yTimes) {
                index = i;
            }
        }
        return index;
    }
}
```

4. 运行结果

输入：2　4 [1,2,3,4,4,3]

输出：3

实例 094　最小移动次数

1. 问题描述

给定由 N 个字母 a 或 b 组成的字符串 s。在一次操作中，可以将 a 替换为 b 或将 b 替换为 a，返回不包含三个连续相同字母的字符串所需的最小操作次数。注：N 是[0，2000000]内的整数，字符串 s 仅由字母 a 或 b 组成。

2. 问题示例

输入：s=baaaaa

输出：1

注：将字符串变成 baabaa，使得字符串 s 中不包含三个连续相同的字母。

3. 代码实现

相关代码如下：

```
public class Main {
    public static void main(String[] args) {
        String s = "baaaaa";
        System.out.println("输入");
        System.out.println(s);
        System.out.println("输出");
        System.out.println(minimumMoves(s));
    }
    public static int minimumMoves(String s) {
        int res = 0;
        for (int i = 2; i < s.length(); i++) {
            if (s.charAt(i) == s.charAt(i - 1) && s.charAt(i) == s.charAt(i - 2)) {
                res++;
                i += 2;
            }
        }
        return res;
    }
}
```

4. 运行结果

输入：baaaaa

输出：1

实例 095 删除最少的字符获得正确格式的字符串

1. 问题描述

给定一个长度为 N 的只包含字母 A 或 B 的字符串 s。目标是通过删除最少的字符，使得字符串中所有的字母 A 都在字母 B 前面。如果字符串只包含字母 A 或只包含字母 B，也符合条件。请写一个函数，返回需要删除的最少字符数。N 的取值范围是[1,100000]。

2. 问题示例

输入：s=BAAABAB

输出：2

注：通过删除第一个 B 和最后一个 A 生成 AAABB。

3. 代码实现

相关代码如下：

```
public class Main {
    public static void main(String[] args) {
        String s = "BAAABAB";
        System.out.println("输入");
        System.out.println(s);
        System.out.println("输出");
        System.out.println(minDeletionsToObtainStringInRightFormat(s));
    }
    public static int minDeletionsToObtainStringInRightFormat(String s) {
        int n = s.length();
        int left_B = 0;
        int right_A = 0;
        for (int i = 0; i < n; i++) {
            if (s.charAt(i) == 'A') right_A++;
        }
        int ans = right_A;
        for (int i = 0; i < n; i++) {
            if (s.charAt(i) == 'A') right_A--;
            else {
                left_B++;
            }
            ans = Math.min(ans, right_A + left_B);
        }
        return ans;
    }
}
```

4. 运行结果

输入：BAAABAB

输出：2

实例 096　寻找字母

1. 问题描述

给定一个字符串 str，返回字符串中字典序最大，且同时在字符串中出现大写和小写形式的字母。如果不存在这样的字母，则返回“～”。

2. 问题示例

输入：str＝aAbBcD

输出：B

注：因为 c 和 D 没有同时出现大写形式和小写形式；A 和 B 同时出现大写形式和小写形式，但是 B 比 A 的字典序大，所以返回 B。

3. 代码实现

相关代码如下：

```
public class Main {
    public static void main(String[] args) {
        String str = "aAbBcD";
        System.out.println("输入");
        System.out.println(str);
        System.out.println("输出");
        System.out.println(findLetter(str));
    }
    public static char findLetter(String str) {
        int[][] visited = new int[26][2];
        for (int i = 0; i < 26; i++) {
            for (int j = 0; j < 2; j++) {
                visited[i][j] = 0;
            }
        }
        for (int i = 0; i < str.length(); i++) {
            if (str.charAt(i) >= 'a' && str.charAt(i) <= 'z') {
                visited[str.charAt(i) - 'a'][0] = 1;
            } else {
                visited[str.charAt(i) - 'A'][1] = 1;
            }
        }
        for (int i = 25; i >= 0; i--) {
            if (visited[i][0] == 1 && visited[i][1] == 1) {
                return (char) ((int) 'A' + i);
            }
        }
        return '～';
    }
}
```

4. 运行结果

输入：aAbBcD

输出：B

实例 097 最长子串长度

1. 问题描述

给定一个长度为 N 且只包含字母 a 和 b 的字符串 s。请找出其最长的子串长度，使得其中不包含三个连续相同的字母，即找出不包含 aaa 或 bbb 的最长子串长度。注：字符串 s 是其本身的子串。N 的取值范围是[1,200000]。字符串 s 只包含字符 a 和 b。

2. 问题示例

输入：s=baaabbabbb

输出：7

注：aabbabb 是符合条件的最长子串，长度为 7。

3. 代码实现

相关代码如下：

```
public class Main {
    public static void main(String[] args) {
        String s = "baaabbabbb";
        System.out.println("输入");
        System.out.println(s);
        System.out.println("输出");
        System.out.println(longestSemiAlternatingSubstring(s));
    }
    public static int longestSemiAlternatingSubstring(String s) {
        if (s == null || s.length() == 0)
            return 0;
        if (s.length() < 3)
            return s.length();
        int cnt = 1, l = 0, lastSeen = 0;
        int res = 0;
        for (int r = 1; r < s.length(); r++) {
            char c = s.charAt(r);
            if (s.charAt(r - 1) == c) {
                cnt++;
            } else {
                cnt = 1;
                lastSeen = r;
            }
            if (cnt > 2 && l < lastSeen)
                l = lastSeen;
            while (cnt > 2) {
                l++;
```

```
                cnt--;
            }
            res = Math.max(res, r - l + 1);
        }
        return res;
    }
}
```

4. 运行结果

输入：baaabbabbb

输出：7

实例 098　警报器

1. 问题描述

一个烟雾警报器会监测给定时间，如 len 秒内的烟雾值，如果这段时间内烟雾值平均值大于 k，那么警报器会报警。现在给出 n 个数代表刚开始工作 n 秒内警报器监测的烟雾值(警报器从第 len 秒开始判断是否报警)，请问警报器在这段时间内会报警几次？注：$1 \leqslant k \leqslant n \leqslant 100000$，$1 \leqslant \text{len} \leqslant 100000$，$0 \leqslant \text{num}[i] \leqslant 100000(1 \leqslant i \leqslant n)$。

2. 问题示例

输入：$n=8$，$k=4$，len=3，num=[2,2,2,2,5,5,5,8]

输出：2

注：第 3～8 秒，监测的平均值为 2,2,3,4,5 和 6，其中 5 和 6 大于 k，所以报警次数为 2。

3. 代码实现

相关代码如下：

```
import java.util.Arrays;
public class Main {
    public static void main(String[] args) {
        int n = 8, k = 4, len = 3;
        int[] num = {2, 2, 2, 2, 5, 5, 5, 8};
        System.out.println("输入");
        System.out.println(n);
        System.out.println(k);
        System.out.println(len);
        System.out.println(Arrays.toString(num));
        System.out.println("输出");
        System.out.println(solve(n, k, len, num));
    }
    public static long solve(int n, int k, int len, int[] num) {
        int times = 0;
        for (int i = 0, j = 0; i < n; i++) {
            if (i < len)
                j += num[i];
```

```
            else {
                j += num[i];
                j -= num[i - len];
            }
            if (i >= len - 1 && j > k * len) times++;
        }
        return times;
    }
}
```

4. 运行结果

输入：8　4　3　[2，2，2，2，5，5，5，8]

输出：2

实例 099　数列求和

1. 问题描述

一个数列前半段是公差为 1 的等差数列，从某一项起公差变为－1，求此数列的和。例如：首项为 5，公差为 1，在值为 9 时，公差变为－1，末项为 6，那么这个数列的和是 5＋6＋7＋8＋9＋8＋7＋6＝56。输入内容的含义为：首项值为 i，在某项值为 j 时，公差变为 －1，末项的值为 k。

2. 问题示例

输入：$i=5, j=9, k=6$

输出：56

3. 代码实现

相关代码如下：

```
public class Main {
    public static void main(String[] args) {
        int i = 5, j = 9, k = 6;
        System.out.println("输入");
        System.out.println(i);
        System.out.println(j);
        System.out.println(k);
        System.out.println("输出");
        System.out.println(equlSum(i, j, k));
    }
    public static long equlSum(long i, long j, long k) {
        long result = 0;
        for (; i < j + 1; i++) {
            result += i;
        }
        i -= 1;
        while (i != k) {
            i -= 1;
```

```
            result += i;
        }
        return result;
    }
}
```

4. 运行结果

输入：5　9　6

输出：56

实例 100　最佳利用率

1. 问题描述

给定两个排序的数组，从两个数组中各取一个数，两个数之和需要小于或等于 K，请找到使得两数之和最大的索引组合。返回一对包含两个索引的列表。如果有多个两数之和相等的索引答案，应该选择第一个数组索引最小的索引对；如果仍有多个答案，则选择第二个数组索引最小的索引对。注：①两数之和小于或等于 K；②两数之和是最大的；③两个数组索引尽量小；④如果无法找到答案，则返回一个空列表[]。

2. 问题示例

输入：$A=[1, 4, 6, 9]$，$B=[1, 2, 3, 4]$，$K=9$

输出：[2, 2]

3. 代码实现

相关代码如下：

```
import java.util.Arrays;
public class Main {
    public static void main(String[] args) {
        int[] A = {1, 4, 6, 9};
        int[] B = {1, 2, 3, 4};
        int K = 9;
        System.out.println("输入");
        System.out.println(Arrays.toString(A));
        System.out.println(Arrays.toString(B));
        System.out.println(K);
        System.out.println("输出");
        System.out.print(Arrays.toString(optimalUtilization(A, B, K)));
    }
    public static int[] optimalUtilization(int[] A, int[] B, int K) {
        int[] indexPair = new int[2];
        int[] nullPair = new int[0];
        int Aindex = 0, Bindex = B.length - 1;
        int ALen = A.length, BLen = B.length, maxSum = -1;
        if (ALen == 0 || BLen == 0 || A[0] + B[0] > K) return nullPair;
        while (Aindex < ALen && Bindex >= 0) {
```

```
                if (A[Aindex] + B[Bindex] < K) {
                    if (A[Aindex] + B[Bindex] > maxSum) {
                        while (Bindex != 0 && B[Bindex - 1] == B[Bindex]) Bindex--;
                        indexPair[0] = Aindex;
                        indexPair[1] = Bindex;
                        maxSum = A[Aindex] + B[Bindex];
                    }
                    Aindex++;
                } else if (A[Aindex] + B[Bindex] > K) Bindex--;
                else {
                    indexPair[0] = Aindex;
                    indexPair[1] = Bindex;
                    return indexPair;
                }
            }
            return indexPair;
        }
    }
```

4. 运行结果

输入：[1, 4, 6, 9] [1, 2, 3, 4] 9

输出：[2,2]

第二篇 实战提高

本篇针对经典算法进行编程实践训练，主要包括数学与数组、二叉树与分治法、深度优先搜索与回溯法、哈希表与数组、数学与贪心算法、数组与枚举法、逻辑运算与字符串、链表与指针、枚举与动态规划、二叉树与宽度优先搜索及不同算法的组合处理。

实例 101　找出重复的数字

1. 问题描述

给定一个整数数组，请找出数组中重复的数字。程序应返回所有出现重复的数字，并按照数字开始重复的位置进行排序。例如，数组[5,1,2,2,1,1]有两个重复的数字 1 和 2。由于从 0 开始索引，数字 1 从索引下标 4 处开始出现重复，数字 2 从索引下标 3 处开始出现重复，因此程序应返回[2,1]，因为 2 出现重复的位置在 1 出现重复的位置之前。

2. 问题示例

输入：nums=[1, 2, 2, 3, 3, 3]

输出：[2, 3]

3. 代码实现

相关代码如下：

```
import java.util. * ;
public class Main {
    public static void main(String[ ] args) {
        List < Integer > nums = Arrays.asList(1, 2, 2, 3, 3, 3);
        System.out.println("输入");
        System.out.println(Arrays.toString(nums.toArray()));
        System.out.println("输出");
        System.out.println(Arrays.toString(countduplicates(nums).toArray()));
    }
    public static List < Integer > countduplicates(List < Integer > nums) {
        List < Integer > res = new LinkedList <>();
        Map < Integer, Integer > appearedNum = new HashMap <>();
        for (int i : nums) {
            appearedNum.put(i, appearedNum.getOrDefault(i, 0) + 1);
            if (appearedNum.get(i) == 2) {
                res.add(i);
            }
        }
        return res;
    }
}
```

4. 运行结果

输入：[1, 2, 2, 3, 3, 3]

输出：[2,3]

实例 102　平衡数

1. 问题描述

给定一个数组，请找到这个数组中的平衡数。一个平衡数满足在它左边的所有数字的和等于在它右边的所有数字的和。注：代码应该返回平衡数的下标数值，如果存在多个平衡数，则返回最小的下标数值。例如，给定数组 sales=[1,2,3,4,6]，1+2+3=6，使用基于0开始的索引，可知 sales[3]=4 是寻求的值，故平衡数的下标数值是 3。

2. 问题示例

输入：sales=[1, 2, 3, 4, 6]

输出：3

3. 代码实现

相关代码如下：

```
import java.util.Arrays;
public class Main {
    public static void main(String[] args) {
        int[] sales = {1, 2, 3, 4, 6};
        System.out.println("输入");
        System.out.println(Arrays.toString(sales));
        System.out.println("输出");
        System.out.println(balancedSalesArray(sales));
    }
    public static int balancedSalesArray(int[] sales) {
        int totalSum = Arrays.stream(sales).sum();
        int left = 0;
        int right = totalSum;
        for (int i = 0; i < sales.length; i++) {
            right -= sales[i];
            if (left == right) {
                return i;
            }
            left += sales[i];
        }
        return -1;
    }
}
```

4. 运行结果

输入：[1, 2, 3, 4, 6]

输出：3

实例 103 将字符串变为回文串

1. 问题描述

给定一个由字母 a～z 组成的字符串 s，请通过将其中某一字母变成其在字母表中相邻位置的字母，将字符串 s 变成回文串：①将 z 变成 y；②将 y 变成 x；③将 x 变成 w；…㉔将 c 变成 b；㉕将 b 变成 a。如果将字符串 s 变成回文串，最少需要操作多少次？

2. 问题示例

输入：s=abc

输出：2

注：①将 c 变成 b，得到 abb；②将最后的 b 变成 a，得到 aba。

3. 代码实现

相关代码如下：

```
public class Main {
    public static void main(String[] args) {
        String s = "abc";
        System.out.println("输入");
        System.out.println(s);
        System.out.println("输出");
        System.out.println(numberOfOperations(s));
    }
    public static int numberOfOperations(String s) {
        int i = 0;
        int j = s.length() - 1;
        int k = 0;
        while (i < j) {
            if (s.charAt(i) != s.charAt(j)) {
                int gap = Math.abs(s.charAt(j) - s.charAt(i));
                k += gap;
            }
            ++i;
            --j;
        }
        return k;
    }
}
```

4. 运行结果

输入：abc

输出：2

实例 104　在二叉查找树中插入节点

1. 问题描述

给定一棵二叉查找树和一个新的树节点，将节点插入二叉查找树中。注：需要保证插入后的树仍是一棵二叉查找树。

2. 问题示例

输入：tree=[ ]，node=1

输出：[[1]]

3. 代码实现

相关代码如下：

```
import java.util.ArrayList;
import java.util.List;
public class Main {
    public static void main(String[] args) {
        TreeNode treeNode1 = new TreeNode(1);
        System.out.println("输入");
        System.out.println(levelOrder(null));
        System.out.println("node = 1");
        System.out.println("输出");
        System.out.println(levelOrder(insertNode(null, treeNode1)));
    }
    public static TreeNode insertNode(TreeNode root, TreeNode node) {
        if (root == null) {
            return node;
        }
        if (root.val > node.val) {
            root.left = insertNode(root.left, node);
        } else {
            root.right = insertNode(root.right, node);
        }
        return root;
    }
    /**
     * @param root: A Tree
     * @return: Level order a list of lists of integer
     */
    public static List<List<Integer>> levelOrder(TreeNode root) {
        // write your code here
        List<List<Integer>> res = new ArrayList<>();
        if (root == null) {
            return res;
        }
        dfs(root, res, 0);
        return res;
    }
    private static void dfs(TreeNode root, List<List<Integer>> res, int level) {
        if (root == null) {
            return;
        }
        if (level == res.size()) {
            res.add(new ArrayList<>());
        }
        res.get(level).add(root.val);
        dfs(root.left, res, level + 1);
        dfs(root.right, res, level + 1);
    }
}
```

```
class TreeNode {
    int val;
    public void setLeft(TreeNode left) {
        this.left = left;
    }
    public void setRight(TreeNode right) {
        this.right = right;
    }
    TreeNode left;
    TreeNode right;
    TreeNode(int x) {
        val = x;
    }
}
```

4. 运行结果

输入：[ ]　node= 1

输出：[[1]]

实例 105　翻转 ASCII 编码字符串

1. 问题描述

给定一个由 ASCII 编码的字符串(例如 ABC 可以编码为 656667)，请编写一个函数，将编码字符串作为输入并返回翻转的解码字符串。

2. 问题示例

输入：7976766972

输出：HELLO

3. 代码实现

相关代码如下：

```
public class Main {
    public static void main(String[] args) {
        String encodeString = "7976766972";
        System.out.println("输入");
        System.out.println(encodeString);
        System.out.println("输出");
        System.out.println(reverseAsciiEncodedString(encodeString));
    }
    public static String reverseAsciiEncodedString(String encodeString) {
        if (encodeString == null) return "";
        int asciiNumber = 0;
        StringBuffer stringBuffer = new StringBuffer();
        for (int i = encodeString.length() - 1; i > 0; i -= 2) {
            asciiNumber = (encodeString.charAt(i - 1) - '0') * 10 + encodeString.charAt
(i) - '0';
```

```
            stringBuffer.append((char) (asciiNumber));
        }
        return stringBuffer.toString();
    }
}
```

4. 运行结果

输入：7976766972

输出：HELLO

实例 106　选票最多的人

1. 问题描述

给定一个包含候选人姓名的数组，数组中一个候选人的名字代表他获得了一张选票，请返回票选最多的人员名。

2. 问题示例

输入：

```
[
    John, Johnny, Jackie,
    Johnny, John, Jackie,
    Jamie, Jamie, John,
    Johnny, Jamie, Johnny,
    John
]
```

输出：John

注：列表中共出现 4 个候选人：John、Johnny、Jamie 和 Jackie，其中 John 和 Johnny 同样获得了最高数额的选票，而 John 的字典序更小，故返回 John。

3. 代码实现

相关代码如下：

```
import java.util.*;
public class Main {
    public static void main(String[] args) {
        List<String> votes = Arrays.asList(
                "John", "Johnny", "Jackie",
                "Johnny", "John", "Jackie",
                "Jamie", "Jamie", "John",
                "Johnny", "Jamie", "Johnny",
                "John"
        );
        System.out.println("输入");
```

```
        System.out.println(Arrays.toString(votes.toArray()));
        System.out.println("输出");
        System.out.println(candidateWithTheMostVotes(votes));
    }
    public static String candidateWithTheMostVotes(List<String> votes) {
        HashMap<String, Integer> map = new HashMap<String, Integer>();
        for (String aVote : votes) {
            if (map.get(aVote) != null) {
                map.put(aVote, map.get(aVote) + 1);
            } else {
                map.put(aVote, 1);
            }
        }
        String name = "";
        int cnt = 0;
        Iterator<Map.Entry<String, Integer>> iterator = map.entrySet().iterator();
        while (iterator.hasNext()) {
            Map.Entry<String, Integer> entry = iterator.next();
             if (entry.getValue() > cnt || (entry.getValue() == cnt && entry.getKey().
compareTo(name) < 0)) {
                cnt = entry.getValue();
                name = entry.getKey();
            }
        }
        return name;
    }
}
```

4. 运行结果

输入：[John，Johnny，Jackie，Johnny，John，Jackie，Jamie，Jamie，John，Johnny，Jamie，Johnny，John]

输出：John

实例 107 最短重复子数组

1. 问题描述

给定一个数组 arr，返回其包含重复元素的最短重复子数组的长度。如果没有子数组包含重复元素，则返回−1。

2. 问题示例

输入：arr=[1,2,3,1,4,5,4,6,8]

输出：3

注：包含重复元素的最短子数组是[4,5,4]。

3. 代码实现

相关代码如下：

```
import java.util.Arrays;
import java.util.HashMap;
public class Main {
    public static void main(String[] args) {
        int[] arr = {1, 2, 3, 1, 4, 5, 4, 6, 8};
        System.out.println("输入");
        System.out.println(Arrays.toString(arr));
        System.out.println("输出");
        System.out.println(getLength(arr));
    }
    public static int getLength(int[] arr) {
        HashMap<Integer, Integer> hashMap = new HashMap<Integer, Integer>();
        int ans = -1;
        for (int i = 0; i < arr.length; i++) {
            if (!hashMap.containsKey(arr[i])) {
                hashMap.put(arr[i], i);
            } else {
                int cur = i - hashMap.get(arr[i]) + 1;
                if (ans == -1) {
                    ans = cur;
                } else if (cur < ans) {
                    ans = cur;
                }
                hashMap.put(arr[i], i);
            }
        }
        return ans;
    }
}
```

4. 运行结果

输入：[1,2,3,1,4,5,4,6,8]

输出：3

实例 108 移动机器人

1. 问题描述

在 2D 平面上有一个从位置(0,0)开始移动的机器人。给定其移动序列，判断该机器人完成移动后是否停在(0,0)处。

移动序列由字符串表示，字符 move[i]表示其第 i 次移动。有效移动是 R(右)、L(左)、U(上)和 D(下)。如果机器人在完成所有移动后返回原点，则返回 true，否则返回 false。

机器人的朝向无关紧要。R、L、U、D 分别表示将机器人向右、向左、向上、向下移动一次。此外，假设每次移动机器人的幅度相同。

2. 问题示例

输入：moves=UD

输出：true

注：机器人先向上移动一次，再向下移动一次，然后结束。所有动作都具有相同的幅度，因此机器人最终会停在原点(0,0)处，所以返回 true。

3. 代码实现

相关代码如下：

```
import java.util.HashMap;
public class Main {
    public static void main(String[] args) {
        String moves = "UD";
        System.out.println("输入");
        System.out.println(moves);
        System.out.println("输出");
        System.out.println(robotReturntoOrigin(moves));
    }
    public static boolean robotReturntoOrigin(String moves) {
        HashMap<Character, Integer> map = new HashMap<>();
        map.put('U', 0);
        map.put('L', 0);
        map.put('D', 0);
        map.put('R', 0);
        for (int i = 0; i < moves.length(); i++) {
            map.put(moves.charAt(i), map.get(moves.charAt(i)) + 1);
        }
        return map.get('R').equals(map.get('L')) && map.get('U').equals(map.get('D'));
    }
}
```

4. 运行结果

输入：UD

输出：true

实例 109　二叉搜索树两节点之差的最小值

1. 问题描述

给定一个二叉搜索树的根节点 root，返回树中任意两节点之差的最小值。二叉树的大小为 2~100。二叉树一直有效，每个节点的值都是整数，且不重复。

2. 问题示例

输入：root={4,2,6,1,3}

输出：1

注：root 是二叉树节点对象(TreeNode object)，而不是数组。给定的二叉树[4,2,6,1,3,null,null]可表示如下。

```
     4
   /   \
  2     6
 / \
1   3
```

最小的差值是 1，它是节点 1 和节点 2 的差值，也是节点 3 和节点 2 的差值。

3. 代码实现

相关代码如下：

```
import java.util.ArrayList;
import java.util.Arrays;
import java.util.List;
public class Main {
    public static void main(String[] args) {
        TreeNode treeNode1 = new TreeNode(4);
        TreeNode treeNode2 = new TreeNode(2);
        TreeNode treeNode3 = new TreeNode(6);
        TreeNode treeNode4 = new TreeNode(1);
        TreeNode treeNode5 = new TreeNode(3);
        treeNode2.setRight(treeNode5);
        treeNode2.setLeft(treeNode4);
        treeNode1.setRight(treeNode3);
        treeNode1.setLeft(treeNode2);
        System.out.println("输入");
        System.out.println("{4,2,6,1,3}");
        System.out.println("输出");
        System.out.println(minDiffInBST(treeNode1));
    }
    public static int minDiffInBST(TreeNode root) {
        int min = 100;
        List<Integer> list = new ArrayList<Integer>();
        plist(root, list);
        int[] nums = new int[list.size()];
        int i = 0;
        for(Integer n:list) {
            nums[i++] = n;
        }
        Arrays.sort(nums);
        for(int n = 0;n < nums.length - 1;n++) {
            if(min > nums[n + 1] - nums[n]) {
                min = nums[n + 1] - nums[n];
            }
        }
        return min;
    }
    public static List<Integer> plist(TreeNode t , List<Integer> list) {
        if (t != null) {
```

```
            plist(t.left , list);
            plist(t.right , list);
            list.add(t.val);
        }
        return list;
    }
}
class TreeNode {
    int val;
    public void setLeft(TreeNode left) {
        this.left = left;
    }
    public void setRight(TreeNode right) {
        this.right = right;
    }
    TreeNode left;
    TreeNode right;
    TreeNode(int x) {
        val = x;
    }
}
```

4. 运行结果

输入：{4,2,6,1,3}

输出：1

实例 110 单调数组

1. 问题描述

所有满足 $i \leqslant j$,$A[i] \leqslant A[j]$的数组 A 是单调递增的，所有满足 $i \leqslant j$,$A[i] \geqslant A[j]$的数组 A 是单调递减的，这两种情况下的数组 A 统称单调数组。当给定的数组 A 是单调数组时返回 true，否则返回 false。

2. 问题示例

输入：$A=[1,2,2,3]$

输出：true

3. 代码实现

相关代码如下：

```
import java.util.Arrays;
public class Main {
    public static void main(String[] args) {
        int[] A = {1, 2, 2, 3};
        System.out.println("输入");
        System.out.println(Arrays.toString(A));
        System.out.println("输出");
```

```
        System.out.println(isMonotonic(A));
    }
    public static boolean isMonotonic(int[] A) {
        boolean inc = true, dec = true;
        for (int i = 1; i < A.length; ++i) {
            inc &= A[i - 1] <= A[i];
            dec &= A[i - 1] >= A[i];
        }
        return inc || dec;
    }
}
```

4. 运行结果

输入：[1,2,2,3]

输出：true

实例 111　最小差值

1. 问题描述

给定一个整数数组 a，对于每个整数 $a[i]$，可以选择任意 x 满足 $-k \leqslant x \leqslant k$，并将 x 加到 $a[i]$中。经过此过程之后，得到一些数组 B，返回 B 的最大值和 B 的最小值之间可能存在的最小差值。$1 \leqslant a.\text{length} \leqslant 10000$，$0 \leqslant a[i] \leqslant 10000$，$0 \leqslant k \leqslant 10000$。

2. 问题示例

输入：$a=[1]$，$k=0$

输出：0

解释：$B=[1]$

3. 代码实现

相关代码如下：

```
import java.util.Arrays;
public class Main {
    public static void main(String[] args) {
        int[] a = {1};
        int k = 0;
        System.out.println("输入");
        System.out.println(Arrays.toString(a));
        System.out.println(k);
        System.out.println("输出");
        System.out.println(smallestRangeI(a, k));
    }
    public static int smallestRangeI(int[] a, int k) {
        int minNum = Arrays.stream(a).min().getAsInt();
        int maxNum = Arrays.stream(a).max().getAsInt();
        return maxNum - minNum <= 2 * k ? 0 : maxNum - minNum - 2 * k;
    }
}
```

4. 运行结果

输入：[1]　0

输出：0

实例 112　卡牌分组

1. 问题描述

给定一副卡牌，每张卡牌上都写着一个整数。选定一个数字 X，将整副卡牌按下述规则分成 1 组或更多组：①每组都有 X 张卡牌；②组内所有的卡牌上都写着相同的整数；③当可选的 X 大于或等于 2 时返回 true。$1 \leqslant deck.length \leqslant 10000$，$0 \leqslant deck[i] \leqslant 10000$。

2. 问题示例

输入：Arrays.asList=[1,2,3,4,4,3,2,1]

输出：true

注：可行的分组有[1,1]，[2,2]，[3,3]，[4,4]。

3. 代码实现

相关代码如下：

```java
import java.util.*;
public class Main {
    public static void main(String[] args) {
        List<Integer> deck = Arrays.asList(1, 2, 3, 4, 4, 3, 2, 1);
        System.out.println("输入");
        System.out.println(Arrays.toString(deck.toArray()));
        System.out.println("输出");
        System.out.println(hasGroupsSizeX(deck));
    }
    public static boolean hasGroupsSizeX(List<Integer> deck) {
        int[] f = new int[10001];
        int len = deck.size();
        int[] com = {2, 3, 5, 7};
        int counts = 0;
        for (Integer i : deck) {
            f[i] += 1;
            if (f[i] == 1) {
                counts++;
            }
        }
        Set<Integer> sets = new HashSet<>(counts);
        for (Integer i : deck) {
            if (f[i] != 0) {
                sets.add(f[i]);
            }
        }
        for (int l = 0; l < com.length; l++) {
```

```
                boolean flag = true;
                for (int s : sets) {
                    if (s % com[l] != 0) {
                        flag = false;
                        break;
                    }
                }
                if (flag == true) {
                    return true;
                }
            }
            return false;
        }
}
```

4. 运行结果

输入：[1,2,3,4,4,3,2,1]

输出：true

实例 113　翻转后的字符串(仅翻转字母)

1. 问题描述

给定一个字符串 *s*，返回翻转后的字符串，其中不是字母的字符都保留在原地，而所有字母的位置发生翻转。

2. 问题示例

输入：*s*＝ab－cd

输出：dc－ba

注："－"位于原地，其他字符翻转。

3. 代码实现

相关代码如下：

```
public class Main {
    public static void main(String[] args) {
        String s = "ab-cd";
        System.out.println("输入");
        System.out.println(s);
        System.out.println("输出");
        System.out.println(reverseOnlyLetters(s));
    }
    public static String reverseOnlyLetters(String s) {
        int n = s.length();
        char[] arr = s.toCharArray();
        int left = 0, right = n - 1;
        while (true) {
            while (left < right && !Character.isLetter(s.charAt(left))) {
```

```
                left++;
            }
            while (right > left && !Character.isLetter(s.charAt(right))) {
                right--;
            }
            if (left >= right) {
                break;
            }
            swap(arr, left, right);
            left++;
            right--;
        }
        return new String(arr);
    }
    public static void swap(char[] arr, int left, int right) {
        char temp = arr[left];
        arr[left] = arr[right];
        arr[right] = temp;
    }
}
```

4. 运行结果

输入：ab－cd

输出：dc－ba

实例 114　比较字符串

1. 问题描述

当字符串中最小字符的出现频率小于比较字符串中最小字符的出现频率时，该字符串严格小于比较字符串。

例如，字符串 abcd 小于字符串 aaa，因为 abcd 中的最小字符（按字典顺序）为 a，出现频率为 1，而字符串 aaa 中的最小字符也为 a，但出现频率为 3。在另一个示例中，字符串 a 小于字符串 bb，因为 a 中的最小字符是出现频率为 1 的 a，而 bb 中的最小字符是 b，出现频率为 2。

给定字符串数组 A 及字符串数组 B（均以字符串的形式给出，其中包含若干个以“,”分隔的字符串），请编写一个函数，返回 N 个整数的数组 C，$C[j]$的值代表数组 A 中严格小于 $B[j]$（从 0 开始）的字符串个数。

注：①$1\leqslant N\leqslant 10000$，$1\leqslant A$，或 B 中任一字符串长度小于或等于 10；②所有输入字符串仅包含小写英文字母(a～z)。

2. 问题示例

输入：A＝abcd，aabc，bd，B＝aaa，aa

输出：[3, 2]

3. 代码实现

相关代码如下：

```
import java.util.Arrays;
public class Main {
    public static void main(String[] args) {
        String A = "abcd,aabc,bd", B = "aaa,aa";
        System.out.println("输入");
        System.out.println(A);
        System.out.println(B);
        System.out.println("输出");
        System.out.print(Arrays.toString(compareStringii(A, B)));
    }
    public static int[] compareStringii(String A, String B) {
        String[] stringsA = A.split(","), stringsB = B.split(",");
        int lengthA = stringsA.length, lengthB = stringsB.length;
        int[] frequencies = new int[11];
        int[] result = new int[lengthB];
        for (String s : stringsA) {
            if (s.length() == 0) continue;
            int[] counts = new int[26];
            int minIdx = 26;
            for (char c : s.toCharArray()) {
                ++counts[c - 'a'];
                minIdx = Math.min(minIdx, c - 'a');
            }
            int frequency = counts[minIdx];
            frequencies[frequency]++;
        }
        for (int i = 1; i < 11; ++i)
            frequencies[i] += frequencies[i - 1];
        for (int i = 0; i < lengthB; ++i) {
            String s = stringsB[i];
            int[] counts = new int[26];
            int minIdx = 26;
            for (char c : s.toCharArray()) {
                ++counts[c - 'a'];
                minIdx = Math.min(minIdx, c - 'a');
            }
            int frequency = counts[minIdx];
            result[i] = (frequency - 1 >= 0) ? frequencies[frequency - 1] : 0;
        }
        return result;
    }
}
```

4. 运行结果

输入：abcd,aabc,bd　aaa,aa

输出：[3,2]

实例 115　有效的山形数组

1. 问题描述

给定一个整数数组 A，当且仅当它是一个有效的山形数组时返回 true。当且仅当 $A.length \geqslant 3$，存在 $0 < i < A.length - 1$ 时，A 是一个山形数组。

注：$A[0] < A[1] < \cdots < A[i-1] < A[i]$

$A[i] > A[i+1] > \cdots > A[A.length - 1]$

$0 \leqslant A.length \leqslant 10000$

$0 \leqslant A[i] \leqslant 10000$。

2. 问题示例

输入：$A = [2,1]$

输出：false

3. 代码实现

相关代码如下：

```
import java.util.Arrays;
public class Main {
    public static void main(String[] args) {
        int[] A = {2, 1};
        System.out.println("输入");
        System.out.println(Arrays.toString(A));
        System.out.println("输出");
        System.out.println(validMountainArray(A));
    }
    public static boolean validMountainArray(int[] A) {
        int N = A.length;
        int i = 0;
        while (i + 1 < N && A[i] < A[i + 1]) {
            i++;
        }
        if (i == 0 || i == N - 1) {
            return false;
        }
        while (i + 1 < N && A[i] > A[i + 1]) {
            i++;
        }
        return i == N - 1;
    }
}
```

4. 运行结果

输入：[2,1]

输出：false

实例 116 增减字符串进行匹配

1. 问题描述

给定只含 I(表示增大)或 D(表示减小)的字符串 S,令 N=S. length。返回[0,1,…,N]的任意排列 A,使得对于所有 i=0,1,…,$N-1$,如果 $S[i]$==I,那么 $A[i]<A[i+1]$;如果 $S[i]$==D,那么 $A[i]>A[i+1]$。注：1≤S. length≤1000,S 只包含字符 I 或 D。

2. 问题示例

输入：S=IDID

输出：[0,4,1,3,2]

注：0<4,4>1,1<3,3>2。

3. 代码实现

相关代码如下：

```java
import java.util.Arrays;
public class Main {
    public static void main(String[] args) {
        String S = "IDID";
        System.out.println("输入");
        System.out.println(S);
        System.out.println("输出");
        System.out.print(Arrays.toString(diStringMatch(S)));
    }
    public static int[] diStringMatch(String S) {
        int max = S.length();
        int len = S.length();
        int min = 0;
        int[] ans = new int[max + 1];
        for (int i = 0; i < len; i++) {
            char c = S.charAt(i);
            if (c == 'D') {
                ans[i] = max--;
            } else {
                ans[i] = min++;
            }
        }
        ans[len] = min;
        return ans;
    }
}
```

4. 运行结果

输入：IDID

输出：[0,4,1,3,2]

实例 117　删除索引序列后排序

1. 问题描述

给定由 N 个包含小写字母的字符串组成的数组 A，其中每个字符串长度相等。选取一个删除索引序列，对于数组 A 中的每个字符串，删除对应每个索引处的字符。剩余的字符串行从上往下读，形成列。

例如，有 A=[abcdef, uvwxyz]，删除索引序列为{0,2,3}，删除后 A'为[bef, vyz]，其各列分别为[b,v]，[e,y]，[f,z]（形式上，第 n 列为[A[0][n]，A[1][n]，…，A[A. length−1][n]]）。

假设选择一组删除索引 D，那么在执行删除操作之后，A 中剩余的每列都必须是非降序排列的。返回 D. length 的最小可能值。

注：1≤A. length≤100，1≤A[i]. length≤1000。

2. 问题示例

输入：A=[cba,daf,ghi]

输出：1

3. 代码实现

相关代码如下：

```java
import java.util.Arrays;
public class Main {
    public static void main(String[] args) {
        String[] A = {"cba", "daf", "ghi"};
        System.out.println("输入");
        System.out.println(Arrays.toString(A));
        System.out.println("输出");
        System.out.print(minDeletionSize(A));
    }
    public static int minDeletionSize(String[] A) {
        if (A.length == 0) {
            return 0;
        }
        int result = 0;
        for (int c = 0; c < A[0].length(); ++c) {
            for (int i = 0; i < A.length - 1; ++i) {
                if (A[i].charAt(c) > A[i + 1].charAt(c)) {
                    ++result;
                    break;
                }
            }
        }
        return result;
    }
}
```

4. 运行结果

输入：[cba,daf,ghi]

输出：1

实例 118 十进制数转换为二进制数

1. 问题描述

给出一个十进制数 num，将其转换成二进制数，并返回该二进制数中 1 的个数和位置。

2. 问题示例

输入：num=10

输出：[2,1,3]

注：10 转成二进制数为 1010，总共有 2 个 1，所以输出(output)数组第 1 个元素是 2。1 的位置是第 1 和第 3，所以后续 2 个元素为 1,3。

3. 代码实现

相关代码如下：

```
import java.util.Arrays;
public class Main {
    public static void main(String[] args) {
        int num = 10;
        System.out.println("输入");
        System.out.println(num);
        System.out.println("输出");
        System.out.print(Arrays.toString(calculateNumber(num)));
    }
    public static int[] calculateNumber(int num) {
        int cnt = 0, cum = 0;
        int[] pos = new int[100];
        while (num != 0) {
            if (num % 2 == 1) {
                cnt++;
                pos[cnt] = cum;
            }
            num /= 2;
            cum++;
        }
        int[] res = new int[cnt + 1];
        res[0] = cnt;
        for (int i = 1; i <= cnt; i++) {
            res[1 + cnt - i] = cum - pos[i];
        }
        return res;
    }
}
```

4. 运行结果

输入：10

输出：[2,1,3]

实例 119 统计合法数

1. 问题描述

给出 n 个数和 m 个询问，每个询问包含 2 个整数 L 和 R，取值范围在[L,R]的数是合法的。输出每个询问对应的合法数的量。

2. 问题示例

输入：a=[1,2,3,4,5,6]，q=[[1,2],[1,5]]

输出：[2,5]

注：对于第一个询问，a[0]，a[1]是合法的，对于第二个询问，a[0]，a[1]，a[2]，a[3]，a[4]是合法的。

3. 代码实现

相关代码如下：

```
import java.util.Arrays;
public class Main {
    public static void main(String[] args) {
        int[] a = {1, 2, 3, 4, 5, 6};
        int[][] q = {{1, 2}, {1, 5}};
        System.out.println("输入");
        System.out.println(Arrays.toString(a));
        System.out.println(Arrays.deepToString(q));
        System.out.println("输出");
        System.out.println(Arrays.toString(getAns(a, q)));
    }
    public static int[] getAns(int[] a, int[][] q) {
        int n = q.length;
        int len = a.length;
        int[] ans = new int[n];
        for (int i = 0; i < n; i++) {
            int count = 0;
            for (int j = 0; j < len; j++) {
                if (a[j] >= q[i][0] && a[j] <= q[i][1]) {
                    count++;
                }
            }
            ans[i] = count;
        }
        return ans;
    }
}
```

4. 运行结果

输入：[1,2,3,4,5,6] [[1,2],[1,5]]

输出：[2,5]

实例 120 运行时间差值

1. 问题描述

给出日志文件的操作，输出所有日志文件的最短运行时间和最长运行时间的差值的最大值。

2. 问题示例

输入：op=[1,2,1,2]，a=[100,300,400,500]

输出：300

注：给出 op=[1,2,1,2]，代表每次的操作对应的日志文件；给出 a=[100,300,400,500]，代表每次操作对应的时间，返回 300。操作 1 的最短运行时间为 100，最长运行时间为 400，最短运行时间和最长运行时间的差值为 300；操作 2 的最短运行时间为 300，最长运行时间为 500，最短运行时间和最长运行时间的差值为 200，所以返回 300。

3. 代码实现

相关代码如下：

```
import java.util.Arrays;
public class Main {
    public static void main(String[] args) {
        int[] op = {1, 2, 1, 2};
        int[] a = {100, 300, 400, 500};
        System.out.println("输入");
        System.out.println(Arrays.toString(op));
        System.out.println(Arrays.toString(a));
        System.out.println("输出");
        System.out.print(operationTime(op, a));
    }
    public static int operationTime(int[] op, int[] a) {
        int l = op.length;
        int i;
        int[] big = new int[105000];
        int[] small = new int[105000];
        int[] vis = new int[105000];
        for (i = 0; i <= 100000; i++) small[i] = 100000;
        for (i = 0; i <= 100000; i++) big[i] = 0;
        for (i = 0; i <= 100000; i++) vis[i] = 0;
        for (i = 0; i < l; i++) {
            vis[op[i]] = 1;
            big[op[i]] = Math.max(big[op[i]], a[i]);
            small[op[i]] = Math.min(small[op[i]], a[i]);
```

```
        }
        int ans = 0;
        for (i = 0; i <= 100000; i++) {
            if (vis[i] == 1) {
                ans = Math.max(ans, big[i] - small[i]);
            }
        }
        return ans;
    }
}
```

4. 运行结果

输入：[1,2,1,2] [100,300,400,500]

输出：300

实例 121 满足条件的字符串

1. 问题描述

给定一个字符串 target 和字符串数组 s，按照在 s 中的顺序输出 s 中所有包含 target 的字符串(即满足 target 为 $s[i]$的一个子串)。注：s. length≤1000，s 中所有字符串长度之和大于或等于 1，target≤100000。

2. 问题示例

输入：target＝google，s＝[goooogle，abc，google，higoogle，googlg，gowogwle，gogle]

输出：[goooogle，google，higoogle，gowogwle]

3. 代码实现

相关代码如下：

```
import java.util.Arrays;
public class Main {
    public static void main(String[] args) {
        String target = "google";
        String[] s = {"goooogle", "abc", "google", "higoogle", "googlg", "gowogwle",
"gogle"};
        System.out.println("输入");
        System.out.println(target);
        System.out.println(Arrays.toString(s));
        System.out.println("输出");
        System.out.print(Arrays.toString(getAns(target, s)));
    }
    public static boolean check(String a, String b) {
        int len1 = a.length();
        int len2 = b.length(), i, j;
        int id = 0;
        for (i = 0; i < len2; i++) {
            if (b.charAt(i) == a.charAt(id)) {
```

```
                    id++;
                    if (id == len1) {
                        return true;
                    }
                }
            }
            return false;
        }
        public static String[] getAns(String target, String[] s) {
            String[] ans;
            boolean[] vis;
            vis = new boolean[s.length];
            int i, cnt = 0;
            for (i = 0; i < s.length; i++) {
                vis[i] = false;
                if (check(target, s[i]) == true) {
                    vis[i] = true;
                    cnt++;
                }
            }
            ans = new String[cnt];
            cnt = 0;
            for (i = 0; i < s.length; i++) {
                if (vis[i] == true) {
                    ans[cnt] = s[i];
                    cnt++;
                }
            }
            return ans;
        }
    }
```

4. 运行结果

输入：google [gooooogle,abc,google,higoogle,googlg,gowogwle,gogle]

输出：[gooooogle,google,higoogle,gowogwle]

实例 122 数组中距离最小的数

1. 问题描述

给定两个整数数组 a 和 b，要求对于数组 b 中的每个数值，找出数组 a 中和它距离最小的数(即两数之差的绝对值最小)，如果出现距离相等的情况，则输出较小的那个数。最后返回一个长度为 b.length 的数组表示答案。1≤a.length，b.length≤100000。

2. 问题示例

输入：a=[5,1,2,3]，b=[2,4,2]

输出：[2,3,2]

注：①对于 $b[0]=2$，数组 a 中和 2 距离最小的数为 2；②对于 $b[1]=4$，数组 a 中和 4 距离最小的数为 3 和 5，由于 3 较小，故选择 3；③对于 $b[2]=2$，同 $b[0]$。

3. 代码实现

相关代码如下：

```
import java.util.Arrays;
public class Main {
    public static void main(String[] args) {
        int[] a = {5, 1, 2, 3};
        int[] b = {2, 4, 2};
        System.out.println("输入");
        System.out.println(Arrays.toString(a));
        System.out.println(Arrays.toString(b));
        System.out.println("输出");
        System.out.println(Arrays.toString(minimalDistance(a, b)));
    }
    public static int lowerBound(int[] a, int val) {
        int l = 0, r = a.length;
        while (r - l > 1) {
            int mid = (l + r) / 2;
            if (a[mid] >= val) {
                r = mid;
            } else {
                l = mid;
            }
        }
        if (a[l] >= val) {
            return l;
        } else {
            return r;
        }
    }
    public static int[] minimalDistance(int[] a, int[] b) {
        int n = a.length, m = b.length;
        int[] ans;
        Arrays.sort(a);
        ans = new int[m];
        for (int i = 0; i < m; i++) {
            int id = lowerBound(a, b[i]);
            if (id == 0) {
                ans[i] = a[id];
            } else if (id == n) {
                ans[i] = a[id - 1];
            } else {
                if (b[i] - a[id - 1] <= a[id] - b[i]) {
                    ans[i] = a[id - 1];
                } else {
                    ans[i] = a[id];
                }
```

```
            }
        }
        return ans;
    }
}
```

4. 运行结果

输入：[5,1,2,3] [2,4,2]

输出：[2,3,2]

实例 123 变换矩阵

1. 问题描述

给定一个由 0 和 1 构成的矩阵，第一行是 roof(屋顶)，从第一行下移除一个 1 之后，与这个 1 同一列的不再与 roof 连接的 1 都会变为 0。输入给定矩阵 matrix 和选定的点 point，输出变换后的矩阵。注：将选定的点及其下方的 1 全部替换成 0。

2. 问题示例

输入：

matrix=

[

    [1,1,1,1,1],
    [0,0,1,0,1],
    [0,0,1,0,1],
    [0,0,1,0,0]

]

point=(1,2)

输出：

matrix=

[

    [1,1,1,1,1],
    [0,0,0,0,1],
    [0,0,0,0,1],
    [0,0,0,0,0]

]

3. 代码实现

相关代码如下：

```
import java.util.Arrays;
public class Main {
```

```
    public static void main(String[] args) {
        int[][] matrix = {{1, 1, 1, 1, 1}, {0, 0, 1, 0, 1}, {0, 0, 1, 0, 1}, {0, 0, 1, 0, 0}};
        int x = 1, y = 2;
        System.out.println("输入");
        System.out.println(Arrays.deepToString(matrix));
        System.out.println(x);
        System.out.println(y);
        System.out.println("输出");
        System.out.print(Arrays.deepToString(removeOne(matrix, x, y)));
    }
    public static int[][] removeOne(int[][] matrix, int x, int y) {
        while (x < matrix.length) {
            if (matrix[x][y] == 1)
                matrix[x][y] = 0;
            x++;
        }
        return matrix;
    }
}
```

4. 运行结果

输入：[[1,1,1,1,1],[0,0,1,0,1],[0,0,1,0,1],[0,0,1,0,0]]　1　2

输出：[[1,1,1,1,1],[0,0,0,0,1],[0,0,0,0,1],[0,0,0,0,0]]

实例 124　投资结果

1. 问题描述

给定一个列表 funds，表示投资人每次的投资额。现在有 3 个公司 A、B、C，它们的当前资金分别为 a、b、c。投资人每次会对当前资金最少的公司进行投资（当有多个公司当前资金相同时，投资人会对其中编号最小的公司进行投资）。返回经过若干轮投资后，A、B、C 三家公司最终的资金。

注：$1 \leqslant$ funds 的长度 $\leqslant 500000$，$1 \leqslant$ funds[i]，a，$b \leqslant 100$。

2. 问题示例

输入：funds=[1,2,1,3,1,1]，$a=1$，$b=2$，$c=1$

输出：[4,5,4]

注：第一轮投资中，公司 A、C 当前资金一样，所以选择投资公司 A，此轮投资后 $a=2$，$b=2$，$c=1$。第二轮投资中，公司 C 当前资金最少，所以选择投资公司 C，此轮投资后 $a=2$，$b=2$，$c=3$。第三轮投资中，公司 A、B 当前资金一样，所以选择投资公司 A，此轮投资后 $a=3$，$b=2$，$c=3$。第四轮投资中，公司 B 当前资金最少，所以选择投资公司 B，此轮投资后 $a=3$，$b=5$，$c=3$。第五轮投资中，公司 A、C 当前资金一样，所以选择投资公司 A，此轮投资后 $a=4$，$b=5$，$c=3$。第六轮投资中，公司 C 当前资金最少，所以选择投资公司 C，此轮投资后 $a=4$，$b=5$，$c=4$。

3. 代码实现

相关代码如下：

```
import java.util.Arrays;
public class Main {
    public static void main(String[] args) {
        int[] funds = {1, 2, 1, 3, 1, 1};
        int a = 1, b = 2, c = 1;
        System.out.println("输入");
        System.out.println(Arrays.toString(funds));
        System.out.println(a);
        System.out.println(b);
        System.out.println(c);
        System.out.println("输出");
        System.out.print(Arrays.toString(getAns(funds, a, b, c)));
    }
    public static int[] getAns(int[] funds, int a, int b, int c) {
        int ans[] = new int[3];
        ans[0] = a;
        ans[1] = b;
        ans[2] = c;
        int i, j, n = funds.length;
        for (i = 0; i < n; i++) {
            int id = 0;
            for (j = 0; j < 3; j++) {
                if (ans[j] < ans[id]) {
                    id = j;
                }
            }
            ans[id] += funds[i];
        }
        return ans;
    }
}
```

4. 运行结果

输入：[1,2,1,3,1,1]　1　2　1

输出：[4,5,4]

实例 125　增长率最高的股票

1. 问题描述

给定一个列表，用于存放股票的 ID。找到增长率最高的股票，返回它的 ID(如果两个或以上股票增长率相同，则返回原始顺序中最靠前的那个)。

2. 问题示例

输入：a=[[a01,13.22,15.33],[a02,13.22,14.22]]

输出：a01

注：a01 的增长率为 0.1596，a02 的增长率为 0.0756。

3. 代码实现

相关代码如下：

```
import java.util.ArrayList;
import java.util.List;
public class Main {
    public static void main(String[] args) {
        String[][] a = {{"a01","13.22","15.33"},{"a02","13.22","14.22"}};
        List<List<String>> stock = new ArrayList<List<String>>();
        for (int i = 0; i < a.length; i++) {
            List<String> columnList = new ArrayList<String>();
            for (int j = 0; j < a[i].length; j++) {
                columnList.add(j, a[i][j]);
            }
            stock.add(i, columnList);
        }
        System.out.println("输入");
        System.out.println(stock);
        System.out.println("输出");
        System.out.println(highestGrowth(stock));
    }
    public static String highestGrowth(List<List<String>> Stock) {
        String ans = "";
        double max = Double.MIN_VALUE;
        for (List<String> infor : Stock) {
            double rate = (Double.valueOf(infor.get(2)) - Double.valueOf(infor.get(1))) /
Double.valueOf(infor.get(1));
            if (rate > max) {
                max = rate;
                ans = infor.get(0);
            }
        }
        return ans;
    }
}
```

4. 运行结果

输入：[[a01,13.22,15.33],[a02,13.22,14.22]]

输出：a01

实例 126　链表的中间节点

1. 问题描述

给定一个带有头节点(head)的非空单链表，返回链表的中间节点。如果有两个中间节点，则返回第二个中间节点。

2. 问题示例

输入：list＝1→2→3→4→5→null

输出：3→4→5→null

3. 代码实现

相关代码如下：

```
public class Main {
    public static void main(String[ ] args) {
        ListNode listNode1 = new ListNode(1);
        ListNode listNode2 = new ListNode(2);
        ListNode listNode3 = new ListNode(3);
        ListNode listNode4 = new ListNode(4);
        ListNode listNode5 = new ListNode(5);
        listNode1.next = listNode2;
        listNode2.next = listNode3;
        listNode3.next = listNode4;
        listNode4.next = listNode5;
        System.out.println("输入");
        listNodeOut(listNode1);
        System.out.println("输出");
        listNodeOut(middleNode(listNode1));
    }
    public static ListNode middleNode(ListNode head) {
        ListNode[ ] A = new ListNode[100];
        int t = 0;
        while (head != null) {
            A[t++] = head;
            head = head.next;
        }
        return A[t / 2];
    }
    public static void listNodeOut(ListNode head) {
        if (head == null) {
            System.out.println("null");
            return;
        }
        System.out.print(head.val);
        System.out.print("->");
        while (head.next != null) {
            head = head.next;
            System.out.print(head.val);
            System.out.print("->");
        }
        System.out.println("null");
    }
}
class ListNode {
```

```
    int val;
    ListNode next;
    ListNode(int x) {
        val = x;
        next = null;
    }
}
```

4. 运行结果

输入：1→2→3→4→5→null

输出：3→4→5→null

实例 127　三维形体投影面积

1. 问题描述

在 $N \times N$ 的网格中放置一些棱分别与 x 轴、y 轴和 z 轴平行的大小为 $1\times1\times1$ 的立方体。$v=\text{grid}[i][j]$，表示 v 个正方体叠放在单元格(i, j)上。请查看这些立方体在 xy、yz 和 zx 平面上的投影。请返回所有正方体在三个平面上的投影的总面积。

注：1≤grid.length=grid[0].length≤50，0≤grid[i][j]≤50。

2. 问题示例

输入：grid=[[1,2],[3,4]]

输出：17

3. 代码实现

相关代码如下：

```
import java.util.Arrays;
public class Main {
    public static void main(String[] args) {
        int[][] grid = {{1, 2}, {3, 4}};
        System.out.println("输入");
        System.out.println(Arrays.deepToString(grid));
        System.out.println("输出");
        System.out.print(projectionArea(grid));
    }
    public static int projectionArea(int[][] grid) {
        int n = grid.length;
        int xyArea = 0, yzArea = 0, zxArea = 0;
        for (int i = 0; i < n; i++) {
            int yzHeight = 0, zxHeight = 0;
            for (int j = 0; j < n; j++) {
                xyArea += grid[i][j] > 0 ? 1 : 0;
                yzHeight = Math.max(yzHeight, grid[j][i]);
                zxHeight = Math.max(zxHeight, grid[i][j]);
            }
            yzArea += yzHeight;
```

```
                zxArea += zxHeight;
            }
            return xyArea + yzArea + zxArea;
        }
    }
```

4. 运行结果

输入：[[1,2],[3,4]]

输出：17

实例 128　立方体总表面积

1. 问题描述

在 $N\times N$ 的网格中放置一些大小为 1×1×1 的立方体。输入矩阵 grid 的元素值，每个值 v=grid[i][j]表示在网格的对应单元摆放的立方体个数，请返回整个网格上立方体的总表面积(重叠的面不计面积)。

2. 问题示例

输入：grid=[[2]]

输出：10

3. 代码实现

相关代码如下：

```
import java.util.Arrays;
public class Main {
    public static void main(String[] args) {
        int[][] grid = {{2}};
        System.out.println("输入");
        System.out.println(Arrays.deepToString(grid));
        System.out.println("输出");
        System.out.print(surfaceAreaof3DShapes(grid));
    }
    public static int surfaceAreaof3DShapes(int[][] grid) {
        int length = grid.length;
        int surface1 = 0;
        int surface2 = 0;
        for (int i = 0; i < length; i++) {
            for (int j = 0; j < length; j++) {
                if (grid[i][j] != 0) {
                    surface1 += grid[i][j] * 4 + 2;
                }
                if (i != length - 1) {
                    surface2 += (grid[i][j] > grid[i + 1][j] ? grid[i + 1][j] : grid[i]
[j]) * 2;
                    surface2 += (grid[j][i] > grid[j][i + 1] ? grid[j][i + 1] : grid[j]
[i]) * 2;
```

```
                }
            }
        }
        return surface1 - surface2;
    }
}
```

4. 运行结果

输入：[[2]]

输出：10

实例 129 特殊等价字符串组的数量

1. 问题描述

如果字符串 S 和 T 中的字符经过任意次数的移动，仍满足 $S==T$，那么两个字符串 S 和 T 是特殊等价的。一次移动包括选择两个索引 i 和 j，且 $i\%2==j\%2$，交换 $S[j]$ 和 $S[i]$。

某人将得到一个字符串数组 a，a 中的特殊等价字符串组是 a 的非空子集 S，这样不在 S 中的任意字符串与 S 中的任意字符串都不是特殊等价的，请返回 a 中特殊等价字符串组的数量。

注：$1\leqslant a.\text{length}\leqslant 1000$；$1\leqslant a[i].\text{length}\leqslant 20$；所有 $a[i]$ 都具有相同的长度且只由小写字母组成。

2. 问题示例

输入：$a=$[a,b,c,a,c,c]

输出：3

注：a 中特殊等价字符串组有 3 个，分别为[a,a]，[b]，[c,c,c]。

3. 代码实现

相关代码如下：

```
import java.util.Arrays;
import java.util.HashSet;
import java.util.Set;
public class Main {
    public static void main(String[] args) {
        String[] a = {"a", "b", "c", "a", "c", "c"};
        System.out.println("输入");
        System.out.println(Arrays.toString(a));
        System.out.println("输出");
        System.out.println(numSpecialEquivGroups(a));
    }
    public static int numSpecialEquivGroups(String[] a) {
        Set<String> seen = new HashSet();
        for (String S : a) {
```

```
            int[] count = new int[52];
            for (int i = 0; i < S.length(); ++i)
                count[S.charAt(i) - 'a' + 26 * (i % 2)]++;
            seen.add(Arrays.toString(count));
        }
        return seen.size();
    }
}
```

4. 运行结果

输入：[a, b, c, a, c, c]

输出：3

实例 130　二进制流

1. 问题描述

从一个二进制流(0/1)中取出每一位组成二进制串。第 i 轮可以从二进制流中依次取 i 位。每次取一位，将之前的位组成的二进制串向最高位移一位，再将当前位附在移动后的二进制串右侧。当取 j 个位($j \leqslant i$)时，如果二进制串的值可以被 3 整除，则输出该二进制串。注：二进制流的长度小于或等于 200000200000。

2. 问题示例

输入：s＝11011

输出：[2,3,5]

注：①取 2 位时，二进制串为 11，转换成十进制数后是 3，可以被 3 整除；②取 3 位时，二进制串为 110，转成十进制数后是 6，可以被 3 整除；③取 5 位时，二进制串为 11011，转成十进制数后是 27，可以被 3 整除。

3. 代码实现

相关代码如下：

```
import java.util.Arrays;
public class Main {
    public static void main(String[] args) {
        String s = "11011";
        System.out.println("输入");
        System.out.println(s);
        System.out.println("输出");
        System.out.print(Arrays.toString(getOutput(s)));
    }
    public static int[] getOutput(String s) {
        int[] arr;
        int[] ret;
        int i, j, tmp = 0, len = s.length(), cnt = 0;
        arr = new int[200005];
        for (i = 0; i < len; i++) {
```

```
            tmp *= 2;
            tmp += Integer.valueOf(s.charAt(i));
            tmp %= 3;
            if (tmp == 0)
                arr[cnt++] = i + 1;
        }
        ret = new int[cnt];
        for (i = 0; i < cnt; i++)
            ret[i] = arr[i];
        return ret;
    }
}
```

4. 运行结果

输入：11011

输出：[2,3,5]

实例 131　取数求和

1. 问题描述

现在有 n 个数，保存在 arr 数组中，对全部数两两求积，然后计算全部积的和，将得到的值对 1000000007 取模并返回。

2. 问题示例

输入：arr=[1,2,3,4,5]

输出：85

注：[1,2]，1×2=2

[1,3]，1×3=3

[1,4]，1×4=4

[1,5]，1×5=5

[2,3]，2×3=6

[2,4]，2×4=8

[2,5]，2×5=10

[3,4]，3×4=12

[3,5]，3×5=15

[4,5]，4×5=20

2+3+4+5+6+8+10+12+15+20=85

3. 代码实现

相关代码如下：

```
import java.util.Arrays;
public class Main {
```

```
    public static void main(String[] args) {
        int[] arr = {1, 2, 3, 4, 5};
        System.out.println("输入");
        System.out.println(Arrays.toString(arr));
        System.out.println("输出");
        System.out.println(takeTheElementAndQueryTheSum(arr));
    }
    public static int takeTheElementAndQueryTheSum(int[] arr) {
        int mod = 1000000007, i, j;
        long sum = 0, ans = 0;
        int n = arr.length;
        for (i = 0; i < n; i++) {
            ans += (sum * arr[i]) % mod;
            ans % = mod;
            sum += arr[i];
            sum % = mod;
        }
        return (int) ans;
    }
}
```

4. 运行结果

输入：[1,2,3,4,5]

输出：85

实例 132　钱币数量之和

1. 问题描述

A 是一位销售员，B 在 A 处买东西，B 付款后，A 需要找零。B 付给 A n 元，A 的物品售价为 m 元，A 能用于找零的钱币面额只能为数组[100,50,20,10,5,2,1]中元素的组合。现在 A 想要使钱币数量之和最小，请返回这个最小值。

注：$1 \leqslant m \leqslant n \leqslant 1000000000$。

2. 问题示例

输入：$n=100, m=29$

输出：3

注：100－29＝71，A 找零 1 张 50 元，1 张 20 元，1 张 1 元，所以答案为 3。

3. 代码实现

相关代码如下：

```
public class Main {
    public static void main(String[] args) {
        int n = 100, m = 29;
        System.out.println("输入");
        System.out.println(n);
```

```
        System.out.println(m);
        System.out.println("输出");
        System.out.println(coinProblem(n, m));
    }
    public static int coinProblem(int n, int m) {
        n -= m;
        int sum = 0;
        sum += n / 100;
        n % = 100;
        sum += n / 50;
        n % = 50;
        sum += n / 20;
        n % = 20;
        sum += n / 10;
        n % = 10;
        sum += n / 5;
        n % = 5;
        sum += n / 2;
        n % = 2;
        sum += n;
        return sum;
    }
}
```

4. 运行结果

输入：100　29

输出：3

实例 133　判断字符串能否转换

1. 问题描述

给定两个字符串 s 和 t，判断 s 能否通过删除一些字符(包括 0 个)变成 t。

2. 问题示例

输入：s=lintcode　t=lint

输出：true

3. 代码实现

相关代码如下：

```
public class Main {
    public static void main(String[] args) {
        String s = "lintcode", t = "lint";
        System.out.println("输入");
        System.out.println(s);
        System.out.println(t);
        System.out.println("输出");
        System.out.println(canConvert(s, t));
```

```
    }
    public static boolean canConvert(String s, String t) {
        if (s == null && t == null) {
            return true;
        }
        if (s == null || t == null || s.length() < t.length()) {
            return false;
        }
        int j = 0;
        for (int i = 0; i < s.length(); ++i) {
            if (j == t.length()) {
                return true;
            }
            if (s.charAt(i) == t.charAt(j)) {
                j++;
            }
        }
        return j == t.length() ? true : false;
    }
}
```

4. 运行结果

输入：lintcode　lint

输出：true

实例 134　转换大小写字母

1. 问题描述

实现函数 ToLowerCase()，该函数接收一个字符串参数 str，并将该字符串中的大写字母转换成小写字母，然后返回新的字符串。

2. 问题示例

输入：str＝Hello

输出：hello

3. 代码实现

相关代码如下：

```
public class Main {
    public static void main(String[] args) {
        String str = "Hello";
        System.out.println("输入");
        System.out.println(str);
        System.out.println("输出");
        System.out.println(toLowerCase(str));
    }
    public static String toLowerCase(String str) {
```

```
        char[] a = str.toCharArray();
        for (int i = 0; i < a.length; i++) {
            if ('A' <= a[i] && a[i] <= 'Z') {
                a[i] = (char) (a[i] - 'A' + 'a');
            }
        }
        return new String(a);
    }
}
```

4. 运行结果

输入：Hello

输出：hello

实例 135　最大的连续子数组

1. 问题描述

给定一个由 N 个整数构成的数组 A 和一个整数 K，从数组 A 的所有长度为 K 的连续子数组中返回最大的连续子数组。对于两个子数组中下标相同的元素，如果第一对不相等的元素在子数组 X 中的值大于子数组 Y 中的值，则定义子数组 X 大于子数组 Y。例如，$X=[1,2,4,3]$，$Y=[1,2,3,5]$，X 大于 Y，因为 $X[2]>Y[2]$。

注：$1\leqslant K\leqslant N\leqslant 100$，$1\leqslant A[i]\leqslant 1000$。

2. 问题示例

输入：$A=[1,4,3,2,5]$，$K=4$

输出：[4,3,2,5]

注：该数组有两个长度为 4 的连续子数组，分别为[1,4,3,2]和[4,3,2,5]，所以最大的子数组为 [4,3,2,5]。

3. 代码实现

相关代码如下：

```
import java.util.Arrays;
public class Main {
    public static void main(String[] args) {
        int[] A = {1, 4, 3, 2, 5};
        int K = 4;
        System.out.println("输入");
        System.out.println(Arrays.toString(A));
        System.out.println(K);
        System.out.println("输出");
        System.out.print(Arrays.toString(largestSubarray(A, K)));
    }
    public static int[] largestSubarray(int[] A, int K) {
        int[] res = new int[K];
        int start = 0;
```

```
            for (int i = 0; i <= A.length - K; i++) {
                for (int j = 0; j < K; j++) {
                    if (A[i + j] > A[start + j]) {
                        start = i;
                        break;
                    } else if (A[i + j] < A[start + j]) {
                        break;
                    }
                }
            }
            for (int i = 0; i < K; i++) {
                res[i] = A[start + i];
            }
            return res;
        }
    }
```

4. 运行结果

输入：[1,4,3,2,5] 4

输出：[4,3,2,5]

实例 136　钞票找零

1. 问题描述

在柠檬水摊上，每杯柠檬水的售价为 5 美元。顾客排队购买柠檬水，(按账单 bills 支付的顺序)一次购买一杯。每位顾客只买一杯柠檬水，用于支付的钞票面额为 5 美元、10 美元或 20 美元。卖家必须给每位顾客正确找零。初始时卖家手头没有任何零钱。以数组的形式给出每位顾客支付的钞票面额，如果能给每位顾客正确找零，则返回 true，否则返回 false。$0 \leqslant$ bills. length $\leqslant 10000$，bills[i]是 5、10 或 20。

2. 问题示例

输入：bills=[5,5,5,10,20]

输出：true

注：对前 3 位顾客按顺序收取 3 张 5 美元的钞票。对第 4 位顾客收取一张 10 美元的钞票，并找回 5 美元。对第 5 位顾客收取一张 20 美元的钞票，并找回一张 10 美元和一张 5 美元的钞票。由于所有客户都得到了正确的找零，所以输出 true。

3. 代码实现

相关代码如下：

```
import java.util.Arrays;
import java.util.List;
public class Main {
    public static void main(String[] args) {
        List<Integer> bills = Arrays.asList(5, 5, 5,10, 20);
```

```
        System.out.println("输入");
        System.out.println(Arrays.toString(bills.toArray()));
        System.out.println("输出");
        System.out.println(lemonadeChange(bills));
    }
    public static boolean lemonadeChange(List<Integer> bills) {
        int five = 0, ten = 0;
        for (int bill : bills) {
            if (bill == 5) {
                five++;
            } else if (bill == 10) {
                if (five == 0) {
                    return false;
                }
                five--;
                ten++;
            } else {
                if (five > 0 && ten > 0) {
                    five--;
                    ten--;
                } else if (five >= 3) {
                    five -= 3;
                } else {
                    return false;
                }
            }
        }
        return true;
    }
}
```

4. 运行结果

输入：[5,5,5,10,20]

输出：true

实例 137　硬币找零

1. 问题描述

某国的货币系统包含面值 1 元、4 元、16 元和 64 元的硬币，以及面值 1024 元的纸币。如果使用 1024 元的纸币购买一件价值为 amount(0<amount≤1024)元的商品，请问最少会收到多少个硬币作为找零。

2. 问题示例

输入：amount=1014

输出：4

注：收到 2 个 4 元硬币和 2 个 1 元硬币作为找零。

3. 代码实现

相关代码如下：

```
import java.util.ArrayList;
import java.util.List;
public class Main {
    public static void main(String[] args) {
        int amount = 1014;
        System.out.println("输入");
        System.out.println(amount);
        System.out.println("输出");
        System.out.println(giveChange(amount));
    }
    public static int giveChange(int amount) {
        final List<Integer> VALUES = new ArrayList<Integer>();
        VALUES.add(64);
        VALUES.add(16);
        VALUES.add(4);
        VALUES.add(1);
        int change = 1024 - amount;
        int number = 0;
        for (int i = 0; i < 4; i++) {
            int value = (int) VALUES.get(i);
            number += change / value;
            change % = value;
        }
        return number;
    }
}
```

4. 运行结果

输入：1014

输出：4

实例 138　转置矩阵

1. 问题描述

给定一个矩阵 **A**，返回 **A** 的转置矩阵。矩阵的转置是指将矩阵的元素沿主对角线翻转，交换矩阵的行索引与列索引。注：1≤A.length≤1000，1≤A[0].length≤1000。

2. 问题示例

输入：**A**=[[1,2,3],[4,5,6],[7,8,9]]

输出：[[1,4,7],[2,5,8],[3,6,9]]

3. 代码实现

相关代码如下：

```
import java.util.Arrays;
public class Main {
    public static void main(String[] args) {
        int[][] A = {{1, 2, 3}, {4, 5, 6}, {7, 8, 9}};
        System.out.println("输入");
        System.out.println(Arrays.deepToString(A));
        System.out.println("输出");
        System.out.print(Arrays.deepToString(transpose(A)));
    }
    public static int[][] transpose(int[][] A) {
        int n = A.length;
        int m = A[0].length;
        int[][] res = new int[m][n];
        for (int i = 0; i < m; i++) {
            for (int j = 0; j < n; j++) {
                res[i][j] = A[j][i];
            }
        }
        return res;
    }
}
```

4. 运行结果

输入：[[1,2,3],[4,5,6],[7,8,9]]

输出：[[1,4,7],[2,5,8],[3,6,9]]

实例 139　二进制最长距离

1. 问题描述

给定正整数 N，找到并返回 N 的二进制表示中两个连续 1(未被其他 1 隔开)之间的最长距离。如果没有两个 1，则返回 0。注：$1 \leqslant N \leqslant 109$。

2. 问题示例

输入：$N=22$

输出：2

注：22 的二进制表示为 10110，所以 22 的二进制表示中有 3 个 1，有两对连续的 1。第 1 对连续 1 之间的距离为 2，第 2 对连续 1 之间的距离为 1，所以答案为 2，即两个距离中的最大值为 2。

3. 代码实现

相关代码如下：

```
public class Main {
```

```
    public static void main(String[] args) {
        int N = 22;
        System.out.println("输入");
        System.out.println(N);
        System.out.println("输出");
        System.out.println(binaryGap(N));
    }
    public static int binaryGap(int N) {
        int ans = 0;
        int last = -1;
        int i = 0;
        int k;
        while (N > 0) {
            k = N & 1;
            N = N >> 1;
            if (k != 0) if (last != -1) {
                ans = Math.max(ans, i - last);
                last = i;
            } else last = i;
            i++;
        }
        return ans;
    }
}
```

4. 运行结果

输入：22

输出：2

实例 140　叶子相似的二叉树

1. 问题描述

请考虑一棵二叉树上所有叶子的值按从左到右的顺序排列形成一个叶值序列，例如，给定一棵叶值序列为(6,7,4,9,8)的二叉树。如果有两棵二叉树的叶值序列相同，那么认为这两棵二叉树叶子相似。如果给定的两个头节点分别为 root1 和 root2 的二叉树叶子相似，则返回 true，否则返回 false。注：给定的两棵二叉树可能会有 1～100 个节点。

2. 问题示例

输入：tree={1,#,2,3}，{1,2,#,3}

输出：true

注：第一棵二叉树如下：

```
1
 \
  2
 /
3
```

第二棵二叉树如下：

```
    1
   /
  2
 /
3
```

两棵二叉树叶值序列都是[3]，所以其叶子相似。

3. 代码实现

相关代码如下：

```java
import java.util.ArrayList;
import java.util.List;
public class Main {
    public static void main(String[] args) {
        TreeNode treeNode1 = new TreeNode(1);
        TreeNode treeNode2 = new TreeNode(2);
        TreeNode treeNode3 = new TreeNode(3);
        TreeNode treeNode4 = new TreeNode(1);
        TreeNode treeNode5 = new TreeNode(2);
        TreeNode treeNode6 = new TreeNode(3);
        treeNode2.setRight(treeNode3);
        treeNode1.setLeft(treeNode2);
        treeNode5.setLeft(treeNode6);
        treeNode4.setLeft(treeNode5);
        System.out.println("输入");
        System.out.println("{1,#,2,3}");
        System.out.println("{1,2,#,3}");
        System.out.println("输出");
        System.out.println(leafSimilar(treeNode1, treeNode4));
    }
    public static boolean leafSimilar(TreeNode root1, TreeNode root2) {
        List<Integer> leaves1 = new ArrayList();
        List<Integer> leaves2 = new ArrayList();
        dfs(root1, leaves1);
        dfs(root2, leaves2);
        return leaves1.equals(leaves2);
    }
    public static void dfs(TreeNode node, List<Integer> leafValues) {
        if (node != null) {
            if (node.left == null && node.right == null)
                leafValues.add(node.val);
            dfs(node.left, leafValues);
            dfs(node.right, leafValues);
        }
    }
}
class TreeNode {
    int val;
    public void setLeft(TreeNode left) {
```

```
            this.left = left;
        }
        public void setRight(TreeNode right) {
            this.right = right;
        }
        TreeNode left;
        TreeNode right;
        TreeNode(int x) {
            val = x;
        }
    }
```

4. 运行结果

输入：{1,#,2,3}　{1,2,#,3}

输出：true

实例 141　行走机器人

1. 问题描述

机器人在一个无限大的网格上行走，从点(0,0)处出发，起始时面向北方。该机器人可以接收以下三种类型的命令：−2 表示向左转 90°，−1 表示向右转 90°，$x(1\leqslant x\leqslant 9)$表示向前移动 x 个单位长度。网格中的一些格子被视为障碍物。第 i 个障碍物位于网格(obstacles[i][0]，obstacles[i][1])，如果机器人试图走到障碍物上方，那么它这一步将停留在障碍物的前一个网格方块上，但仍然可以改变方向并继续完成该路线的其余部分。返回从原点到机器人的最终位置的最大欧氏距离的平方。注：0≤commands. length≤10000，0≤obstacles. length≤10000，−30000≤obstacle[i][0]≤30000，−30000≤obstacle[i][1]≤30000。

2. 问题示例

输入：commands=[4,−1,3]，obstacles=[]

输出：25

注：机器人将会到达(3，4)。

3. 代码实现

相关代码如下：

```
import java.util.Arrays;
public class Main {
    public static void main(String[] args) {
        int[] commands = {4, -1, 3};
        int[][] obstacles = {};
        System.out.println("输入");
        System.out.println(Arrays.toString(commands));
        System.out.println(Arrays.deepToString(obstacles));
```

```
        System.out.println("输出");
        System.out.print(robotSim(commands, obstacles));
    }
    public static int robotSim(int[] commands, int[][] obstacles) {
        int direction = 0;
        int x = 0, y = 0;
        for (int command : commands) {
            if (command == -1) {
                direction = (direction + 90) % 360;
            } else if (command == -2) {
                direction = direction - 90;
                direction = direction >= 0 ? direction : 360 + direction;
            } else {
                int dx = 0, dy = 0;
                switch (direction) {
                    case 0:
                        dy = 1;
                        break;
                    case 90:
                        dx = 1;
                        break;
                    case 180:
                        dy = -1;
                        break;
                    case 270:
                        dx = -1;
                        break;
                }
                outer:
                for (int j = 0; j < command; j++) {
                    for (int[] obstacle : obstacles)
                        if (obstacle[0] == x + dx && obstacle[1] == y + dy)
                            break outer;
                    x = x + dx;
                    y = y + dy;
                }
            }
        }
        return x * x + y * y;
    }
}
```

4. 运行结果

输入：[4,−1,3]　[]

输出：25

实例 142　最高平均分

1. 问题描述

给出一组学生的名字及他们的成绩,求各科的最高平均分(一名学生可能有多门课的成绩)。

2. 问题示例

输入：names=[bob,ted,ted],grades=[88,100,20]

输出：88

3. 代码实现

相关代码如下：

```
import java.util.*;
public class Main {
    public static void main(String[] args) {
        List<String> names = Arrays.asList("bob", "ted", "ted");
        int[] grades = {88, 100, 20};
        System.out.println("输入");
        System.out.println(Arrays.toString(names.toArray()));
        System.out.println(Arrays.toString(grades));
        System.out.println("输出");
        System.out.println(maximumAverageScore(names, grades));
    }
    public static double maximumAverageScore(List<String> names, int[] grades) {
        if (names.size() == 0) {
            return 0;
        }
        Map<String, pair> map = new HashMap<>();
        for (int i = 0; i < names.size(); i++) {
            String cur = names.get(i);
            if (map.containsKey(cur)) {
                pair k = map.get(cur);
                k.score += grades[i];
                k.number += 1;
                map.put(cur, k);
            } else {
                pair k = new pair(grades[i], 1);
                map.put(cur, k);
            }
        }
        double ans = 0;
        for (Map.Entry<String, pair> entry : map.entrySet()) {
            pair k = entry.getValue();
            if (k.score * 1.0 / k.number > ans) {
                ans = k.score * 1.0 / k.number;
            }
        }
        return ans;
```

```
    }
}
class pair {
    int score;
    int number;
    public pair(int score, int number) {
        this.score = score;
        this.number = number;
    }
}
```

4. 运行结果

输入：[bob,ted,ted] [88,100,20]

输出：88

实例 143　求数组点积

1. 问题描述

给出两个数组 A 和 B，求二者的点积，如果没有点积则返回 -1。

2. 问题示例

输入：$A=[1,1,1]$，$B=[2,2,2]$

输出：6

注：$1\times2+1\times2+1\times2=6$。

3. 代码实现

相关代码如下：

```
import java.util.Arrays;
public class Main {
    public static void main(String[] args) {
        int[] A = {1, 1, 1};
        int[] B = {2, 2, 2};
        System.out.println("输入");
        System.out.println(Arrays.toString(A));
        System.out.println(Arrays.toString(B));
        System.out.println("输出");
        System.out.print(dotProduct(A, B));
    }
    public static int dotProduct(int[] A, int[] B) {
        int len1 = A.length;
        int len2 = B.length;
        if (len1 == 0 || len2 == 0 || len1 != len2) {
            return -1;
        }
        long ans = 0;
        int n = A.length;
```

```
        for (int i = 0; i < n; i++) {
            ans += (long) A[i] * (long) B[i];
        }
        return (int) ans;
    }
}
```

4. 运行结果

输入：[1,1,1]　[2,2,2]

输出：6

实例 144　能否到达终点

1. 问题描述

给定一个大小为 $m \times n$ 的矩阵表示 map(地图)，矩阵元素中的 1 代表空地，0 代表障碍物，9 代表终点。请问从(0, 0)开始能否到达终点。

2. 问题示例

输入：map=

```
[
  [1,1,1],
  [1,1,1],
  [1,1,9]
]
```

输出：true

3. 代码实现

相关代码如下：

```
import java.util.Arrays;
import java.util.LinkedList;
import java.util.Queue;
public class Main {
    public static void main(String[] args) {
        int[][] map = {{1, 1, 1}, {1, 1, 1}, {1, 1, 9}};
        System.out.println("输入");
        System.out.println(Arrays.deepToString(map));
        System.out.println("输出");
        System.out.print(reachEndpoint(map));
    }
    public static boolean reachEndpoint(int[][] map) {
        int n = map.length;
        int m = map[0].length;
        if (n == 0 || m == 0) {
            return false;
        }
```

```
            Queue<Integer> q = new LinkedList<>();
            boolean[][] vis = new boolean[n][m];
            int[] dx = {0, 1, 0, -1};
            int[] dy = {1, 0, -1, 0};
            q.offer(0);
            vis[0][0] = true;
            while (!q.isEmpty()) {
                int cur = q.poll();
                int curx = cur / m;
                int cury = cur % m;
                for (int i = 0; i < 4; i++) {
                    int nx = curx + dx[i];
                    int ny = cury + dy[i];
                    if (nx < 0 || nx >= n || ny < 0 || ny >= m || vis[nx][ny] || map[nx][ny] == 0) {
                        continue;
                    }
                    if (map[nx][ny] == 9) {
                        return true;
                    }
                    q.offer(nx * m + ny);
                    vis[nx][ny] = true;
                }
            }
            return false;
        }
    }
```

4. 运行结果

输入：[[1,1,1],[1,1,1],[1,1,9]]

输出：true

实例 145　最接近目标值

1. 问题描述

给出一个数组，在数组中找到两个数，使得二者的和最接近目标值(target)但不超过目标值，返回二者的和。注：如果没有满足要求的结果，则返回－1。

2. 问题示例

输入：target＝15，array＝[1,3,5,11,7]

输出：14

注：11＋3＝14。

3. 代码实现

相关代码如下：

```
import java.util.Arrays;
public class Main {
```

```
    public static void main(String[ ] args) {
        int target = 15;
        int[ ] array = {1, 3, 5, 11, 7};
        System.out.println("输入");
        System.out.println(target);
        System.out.println(Arrays.toString(array));
        System.out.println("输出");
        System.out.print(closestTargetValue(target, array));
    }
    public static int closestTargetValue(int target, int[ ] array) {
        int n = array.length;
        if (n < 2) {
            return -1;
        }
        Arrays.sort(array);
        int diff = Integer.MAX_VALUE;
        int left = 0;
        int right = n - 1;
        while (left < right) {
            if (array[left] + array[right] > target) {
                right--;
            } else {
                diff = Math.min(diff, target - (array[left] + array[right]));
                left++;
            }
        }
        if (diff == Integer.MAX_VALUE) {
            return -1;
        } else {
            return target - diff;
        }
    }
}
```

4. 运行结果

输入：15 [1,3,5,11,7]

输出：14

实例 146 字符互换

1. 问题描述

给定两个字符串 s 和 t，每次可以任意交换 s 的奇数位或偶数位上的字符，即奇数位上的字符能与其他奇数位的字符互换，而偶数位上的字符能与其他偶数位的字符互换。问能否经过若干次交换，使 s 变成 t。如果可以，则输出 Yes，否则输出 No。字符串可由大写字母、小写字母及数字组成，长度均不超过 100000100000。

2. 问题示例

输入：s=abcd，t=cdab

输出：Yes

注：第一次 a 与 c 交换，第二次 b 与 d 交换。

3. 代码实现

相关代码如下：

```
public class Main {
    public static void main(String[] args) {
        String s = "abcd", t = "cdab";
        System.out.println("输入");
        System.out.println(s);
        System.out.println(t);
        System.out.println("输出");
        System.out.println(isTwin(s, t));
    }
    public static String isTwin(String s, String t) {
        int[] odd;
        int[] even;
        odd = new int[200];
        even = new int[200];
        int i;
        for (i = 1; i <= 150; i++) {
            odd[i] = 0;
        }
        for (i = 1; i <= 150; i++) {
            even[i] = 0;
        }
        int l1 = s.length();
        int l2 = t.length();
        for (i = 0; i < l1; i++) {
            int k = s.charAt(i);
            if (i % 2 == 0) {
                even[k]++;
            } else {
                odd[k]++;
            }
        }
        for (i = 0; i < l2; i++) {
            int k = t.charAt(i);
            if (i % 2 == 0) {
                even[k]--;
            } else {
                odd[k]--;
            }
        }
        for (i = 1; i <= 150; i++) {
            if (odd[i] != 0) {
```

```
                return "No";
            }
            if (even[i] != 0) {
                return "No";
            }
        }
        return "Yes";
    }
}
```

4. 运行结果

输入：abcd　cdab

输出：Yes

实例 147　到最近的人的最大距离

1. 问题描述

用一个数组表示一排座位(seats)，数组元素中的1代表有人坐在座位上，0代表座位是空的。条件是至少有一个空座位，且至少有一人坐在座位上。A同学希望坐在一个能够使他与离他最近的人之间的距离达到最大化的座位上。返回A同学到离他最近的人的最大距离。

注：1≤seats.length≤20000，seats中只含有0和1，至少有1个0和1个1。

2. 问题示例

输入：seats=[1,0,0,0,1,0,1]

输出：2

注：如果A同学坐在第二个空位(seats[2])上，则他到离他最近的人的距离为2；如果坐在其他任何一个空位上，则他到离他最近的人的距离为1。因此，他到离他最近的人的最大距离是2。

3. 代码实现

相关代码如下：

```
import java.util.Arrays;
public class Main {
    public static void main(String[] args) {
        int[] seats = {1, 0, 0, 0, 1, 0, 1};
        System.out.println("输入");
        System.out.println(Arrays.toString(seats));
        System.out.println("输出");
        System.out.print(maxDistToClosest(seats));
    }
    public static int maxDistToClosest(int[] seats) {
        int i, j, res = 0, n = seats.length;
        for (i = j = 0; j < n; ++j)
```

```
            if (seats[j] == 1) {
                if (i == 0)
                    res = j;
                else
                    res = Math.max(res, (j - i + 1) / 2);
                i = j + 1;
            }
        res = Math.max(res, n - i);
        return res;
    }
}
```

4. 运行结果

输入：[1,0,0,0,1,0,1]

输出：2

实例 148　最长子串的长度

1. 问题描述

给定一个只由字母 A 和 B 组成的字符串 s，请寻找 s 的一个最长子串，要求这个子串中字母 A 和 B 的数目相等，输出该子串的长度。注：子串可以为空。s 的长度 n 满足 $2\leqslant n\leqslant 1000000$。

2. 问题示例

输入：s=ABAAABBBA

输出：8

注：子串 $s[0,7]$和子串 $s[1,8]$满足条件，长度为 8。

3. 代码实现

相关代码如下：

```
import java.util.HashMap;
public class Main {
    public static void main(String[] args) {
        String s = "ABAAABBBA";
        System.out.println("输入");
        System.out.println(s);
        System.out.println("输出");
        System.out.println(getAns(s));
    }
    public static int getAns(String s) {
        HashMap<Integer, Integer> hm = new HashMap<>();
        hm.put(0, 0);
        int ans = 0;
        int state = 0;
        for (int i = 1; i <= s.length(); i++) {
            if (s.charAt(i - 1) == 'A') state++;
```

```
            else state -- ;
            if (hm.containsKey(state)) ans = Math.max(ans, i - hm.get(state));
            else hm.put(state, i);
        }
        return ans;
    }
}
```

4. 运行结果

输入：ABAAABBBA

输出：8

实例 149　较大分组的位置

1. 问题描述

在一个由小写字母构成的字符串 S 中，包含由一些连续的相同字符构成的分组。例如，在字符串 S＝abbxxxxzzy 中，含有 a、bb、xxxx、z 和 zy 等分组，称其中所有包含大于或等于三个连续字符的分组为较大分组。请找到每个较大分组的起始位置和终止位置。最终结果按照字典顺序输出。注：1≤S. length≤1000。

2. 问题示例

输入：S＝abbxxxxzzy

输出：[[3,6]]

注：xxxx 是一个起始于 3、终止于 6 的较大分组。

3. 代码实现

相关代码如下：

```
import java.util.ArrayList;
import java.util.Arrays;
import java.util.List;
public class Main {
    public static void main(String[] args) {
        String S = "abbxxxxzzy";
        System.out.println("输入");
        System.out.println(S);
        System.out.println("输出");
        System.out.println(largeGroupPositions(S));
    }
    public static List<List<Integer>> largeGroupPositions(String S) {
        int i = 0, j = 0, N = S.length();
        List<List<Integer>> res = new ArrayList<>();
        while (j < N) {
            while (j < N && S.charAt(j) == S.charAt(i)) {
                ++j;
            }
```

```
            if (j - i >= 3) {
                res.add(Arrays.asList(i, j - 1));
            }
            i = j;
        }
        return res;
    }
}
```

4. 运行结果

输入：abbxxxxzzy

输出：[[3,6]]

实例 150　翻转图片

1. 问题描述

给定一个表示图片的二进制矩阵 **a**，水平翻转图片，然后翻转图片并返回结果。水平翻转图片是将矩阵的每行都进行翻转，即将元素逆序排列。例如，水平翻转[1,1,0]的结果是[0,1,1]。翻转图片是将矩阵中的 0 全部用 1 替换，1 全部用 0 替换。例如，翻转[0,1,1]的结果是[1,0,0]。注：$1\leqslant \boldsymbol{a}.\text{length}=\boldsymbol{a}[0],\text{length}\leqslant 20, 0\leqslant \boldsymbol{a}[i][j]\leqslant 1$。

2. 问题示例

输入：**a**=[[1,1,0],[1,0,1],[0,0,0]]

输出：[[1,0,0],[0,1,0],[1,1,1]]

注：首先水平翻转图片，得到[[0,1,1],[1,0,1],[0,0,0]]；然后翻转图片，得到[[1,0,0],[0,1,0],[1,1,1]]。

3. 代码实现

相关代码如下：

```
import java.util.Arrays;
public class Main {
    public static void main(String[] args) {
        int[][] a = {{1, 1, 0}, {1, 0, 1}, {0, 0, 0}};
        System.out.println("输入");
        System.out.println(Arrays.deepToString(a));
        System.out.println("输出");
        System.out.print(Arrays.deepToString(flipAndInvertImage(a)));
    }
    public static int[][] flipAndInvertImage(int[][] a) {
        int n = a.length;
        for (int i = 0; i < n; i++) {
            int left = 0, right = n - 1;
            while (left < right) {
                if (a[i][left] == a[i][right]) {
                    a[i][left] ^= 1;
```

```
                a[i][right] ^ = 1;
            }
            left++;
            right -- ;
        }
        if (left == right) {
            a[i][left] ^ = 1;
        }
    }
    return a;
  }
}
```

4. 运行结果

输入：[[1,1,0],[1,0,1],[0,0,0]]

输出：[[1,0,0],[0,1,0],[1,1,1]]

实例 151　比较含退格的字符串

1. 问题描述

给定 *S* 和 *T* 两个字符串，当它们分别被输入空白的文本编辑器后，判断二者是否相等，并返回结果。#代表退格字符。1≤S. length≤200，1≤T. length≤200，*S* 和 *T* 只含有小写字母以及字符#。

2. 问题示例

输入：*S*＝ab#c，*T*＝ad#c

输出：true

注：被输入空白的文本编辑器后，*S* 和 *T* 都会变成 ac。

3. 代码实现

相关代码如下：

```
import java.util.Stack;
public class Main {
    public static void main(String[] args) {
        String S = "ab#c", T = "ad#c";
        System.out.println("输入");
        System.out.println(S);
        System.out.println(T);
        System.out.println("输出");
        System.out.println(backspaceCompare(S, T));
    }
    public static boolean backspaceCompare(String S, String T) {
        return build(S).equals(build(T));
    }
    public static String build(String S) {
```

```
        Stack<Character> ans = new Stack();
        for (char c : S.toCharArray()) {
            if (c != '#')
                ans.push(c);
            else if (!ans.empty())
                ans.pop();
        }
        return String.valueOf(ans);
    }
}
```

4. 运行结果

输入：ab#c　ad#c

输出：true

实例 152　称重金币

1. 问题描述

给出 n 个金币，每个金币重 10g，但是有一个金币的重量是 11g。现在有能够精确称重的天平，请问最少称几次，才能够成功找出重 11g 的金币？

2. 问题示例

输入：$n=3$

输出：1

注：任意选择两个金币放在天平两端，若天平两端平衡，则第三个金币为 11g，否则天平较低的托盘中放的金币为 10g。

3. 代码实现

相关代码如下：

```
public class Main {
    public static void main(String[] args) {
        int n = 3;
        System.out.println("输入");
        System.out.println(n);
        System.out.println("输出");
        System.out.println(minimumtimes(n));
    }
    public static int minimumtimes(int n) {
        int ans;
        ans = 0;
        if (n % 3 == 0) {
            n = n - 1;
        }
        while (n > 0) {
            n = n / 3;
            ans++;
```

```
        }
        return ans;
    }
}
```

4. 运行结果

输入：3

输出：1

实例 153　*k* 进制加法

1. 问题描述

给出数字 k、a、b，a 和 b 都是 k 进制的数，输出 $a+b$ 的 k 进制数。注：$2\leqslant k\leqslant 10$，a 和 b 均以字符串的形式输入，长度均不超过 1000，可能有前导 0。

2. 问题示例

输入：$k=3$，$a=12$，$b=1$

输出：20

3. 代码实现

相关代码如下：

```
public class Main {
    public static void main(String[] args) {
        int k = 3;
        String a = "12", b = "1";
        System.out.println("输入");
        System.out.println(k);
        System.out.println(a);
        System.out.println(b);
        System.out.println("输出");
        System.out.println(addition(k, a, b));
    }
    public static String addition(int k, String a, String b) {
        int i, j, temp = 0;
        for (i = 0; i < a.length(); i++) {
            if (a.charAt(i) != '0') {
                break;
            }
        }
        a = a.substring(i);
        for (i = 0; i < b.length(); i++) {
            if (b.charAt(i) != '0') {
                break;
            }
        }
        b = b.substring(i);
        if (a.length() < b.length()) {
```

```
            String t = a;
            a = b;
            b = t;
        }
        StringBuffer c = new StringBuffer(a);
        j = b.length() - 1;
        for (i = a.length() - 1; i >= 0; i--) {
            int sum = a.charAt(i) - '0';
            if (j >= 0) {
                sum += b.charAt(j) - '0';
                j--;
            }
            if (temp != 0) {
                sum += temp;
            }
            c.setCharAt(i, (char) (sum % k + '0'));
            temp = sum / k;
        }
        StringBuffer ans = new StringBuffer();
        if (temp != 0) {
            ans.insert(0, (char) ('0' + temp));
        }
        ans.append(c);
        return ans.toString();
    }
}
```

4. 运行结果

输入：3　12　1

输出：20

实例 154　字符间最短距离

1. 问题描述

给定字符串 s 和字符 c，返回一个整数数组，表示字符串中每个字符与字符 c 的最短距离。注：①s 字符串长度为 1～10000；②c 是单个字符，保证在字符串 s 中；③s 中的所有字母和 c 均为小写字母。

2. 问题示例

输入：s=lovelintcode，c=e

输出：[3，2，1，0，1，2，3，4，3，2，1，0]

3. 代码实现

相关代码如下：

```
import java.util.Arrays;
public class Main {
    public static void main(String[] args) {
```

```
        String s = "lovelintcode";
        char c = 'e';
        System.out.println("输入");
        System.out.println(s);
        System.out.println(c);
        System.out.println("输出");
        System.out.print(Arrays.toString(shortestToChar(s,c)));
    }
    public static int[] shortestToChar(String s, char c) {
        int n = s.length();
        int[] ans = new int[n];
        for (int i = 0, idx = -n; i < n; ++i) {
            if (s.charAt(i) == c) {
                idx = i;
            }
            ans[i] = i - idx;
        }
        for (int i = n - 1, idx = 2 * n; i >= 0; --i) {
            if (s.charAt(i) == c) {
                idx = i;
            }
            ans[i] = Math.min(ans[i], idx - i);
        }
        return ans;
    }
}
```

4. 运行结果

输入：lovelintcode　e

输出：[3,2,1,0,1,2,3,4,3,2,1,0]

实例 155　坐缆车

1. 问题描述

A 同学来到某地坐缆车，他带的钱只够坐一次缆车，所以想尽量延长坐缆车的时间。已知缆车站分布可以看作一个 $n \times m$ 的矩阵，矩阵中的每个元素都代表一个缆车站的高度。他可以从任一站点开始坐缆车，缆车只能从较矮的高度移动到较高的高度，每两个站点间花费 1 单位的时间。缆车可以朝着八个方向移动（上、下、左、右、左上、左下、右上、右下）。请问 A 同学最多能坐多久缆车？注：$1 \leqslant n, m \leqslant 20$，输入的缆车站高度不超过 100000。

2. 问题示例

输入：height=

[

  [1,2,3],

  [4,5,6],

[7,8,9]
]

输出：7

注：1→2→3→5→7→8→9 这条路线是最长的。

3. 代码实现

相关代码如下：

```
import java.util.Arrays;
public class Main {
    public static void main(String[] args) {
        int[][] height = {{1, 2, 3}, {4, 5, 6}, {7, 8, 9}};
        System.out.println("输入");
        System.out.println(Arrays.deepToString(height));
        System.out.println("输出");
        System.out.println(cableCarRide(height));
    }
    public static int dfs(int x, int y, int n, int m, int[][] height) {
        int res = 0;
        int[] dx = {-1, -1, -1, 0, 0, 1, 1, 1};
        int[] dy = {-1, 0, 1, -1, 1, -1, 0, 1};
        for (int i = 0; i < 8; i++) {
            int tx = x + dx[i];
            int ty = y + dy[i];
            if (tx < 0 || tx >= n || ty < 0 || ty >= m || height[tx][ty] <= height[x][y])
                continue;
            res = Math.max(res, dfs(tx, ty, n, m, height));
        }
        return res + 1;
    }
    public static int cableCarRide(int[][] height) {
        int ans = 0;
        int n = height.length;
        int m = height[0].length;
        for (int i = 0; i < n; i++) {
            for (int j = 0; j < m; j++) {
                int temp = dfs(i, j, n, m, height);
                ans = Math.max(ans, temp);
            }
        }
        return ans;
    }
}
```

4. 运行结果

输入：[[1,2,3],[4,5,6],[7,8,9]]

输出：7

实例 156 幸运数字 8

1. 问题描述

8 是一个幸运数字，请问 $1 \sim n$ 的数中有多少个数字含有 8？注：$1 \leqslant n \leqslant 1000000$。

2. 问题示例

输入：$n=20$

输出：2

注：只有 8 和 18 中含有 8。

3. 代码实现

相关代码如下：

```
public class Main {
    public static void main(String[ ] args) {
        int n = 20;
        System.out.println("输入");
        System.out.println(n);
        System.out.println("输出");
        System.out.println(luckyNumber(n));
    }
    public static int luckyNumber(int n) {
        int ans = 0;
        for (int i = 1; i <= n; i++) {
            int x = i;
            while (x != 0) {
                if (x % 10 == 8) {
                    ans++;
                    break;
                }
                x /= 10;
            }
        }
        return ans;
    }
}
```

4. 运行结果

输入：20

输出：2

实例 157 日志排序

1. 问题描述

给定一个字符串列表 logs，其中每个元素代表一行日志，每行日志信息由第一个空格分隔成两部分，空格前面是这一行日志的ID，后面是这一行日志的内容（可能包含空格）。一条日志的内容要么全部由字母和空格组成，要么全部由数字和空格组成。请按照如下规则对列表中的所有日志进行排序：①内容为字母的日志应该排在内容为数字的日志之前；②将内容为字母的日志按照内容的字典序排列，当内容相同时，按照ID的字典序排列；将内容为数字的日志按照输入的顺序排列。注：日志总数不超过5000，每行日志长度不超过100，保证不存在ID和内容均重复的数据。

2. 问题示例

输入：

```
    logs=[
      zo4 4 7,
      a100 Act zoo,
      a1 9 2 3 1,
      g9 act car
    ]
```

输出：

```
    [
      a100 Act zoo,
      g9 act car,
      zo4 4 7,
      a1 9 2 3 1
    ]
```

注：Act zoo<act car。

3. 代码实现

相关代码如下：

```java
import java.util.Arrays;
import java.util.ArrayList;
import java.util.Collections;
import java.util.Comparator;
import java.util.List;
public class Main {
    public static void main(String[] args) {
        String[] logs = new String[]{"zo4 4 7", "a100 Act zoo", "a1 9 2 3 1", "g9 act car"};
        System.out.println("输入");
        System.out.println(Arrays.toString(logs));
        System.out.println("输出");
        System.out.println(Arrays.toString(logSort(logs)));
    }
    static class MyCompartor implements Comparator<String> {
        public int compare(String s1, String s2) {
            int t1 = s1.indexOf(' ');
```

```
            int t2 = s2.indexOf(' ');
            String ID1 = s1.substring(0, t1);
            String ID2 = s2.substring(0, t2);
            String body1 = s1.substring(t1);
            String body2 = s2.substring(t2);
            if (body1.equals(body2)) {
                return ID1.compareTo(ID2);
            } else {
                return body1.compareTo(body2);
            }
        }
    }
    public static String[] logSort(String[] logs) {
        List<String> list = new ArrayList<>();
        String[] ans = new String[logs.length];
        int idx = logs.length - 1;
        for (int i = logs.length - 1; i >= 0; i--) {
            int tmp = logs[i].indexOf(' ');
            String body = logs[i].substring(tmp + 1);
            if (Character.isDigit(body.trim().charAt(0))) {
                ans[idx--] = logs[i];
            } else {
                list.add(logs[i]);
            }
        }
        Collections.sort(list, new MyCompartor());
        idx = 0;
        for (String item : list) {
            ans[idx++] = item;
        }
        return ans;
    }
}
```

4. 运行结果

输入：[zo4 4 7,a100 Act zoo,a1 9 2 3 1,g9 act car]

输出：[a100 Act zoo,g9 act car,zo4 4 7,a1 9 2 3 1]

实例 158　查找第 n 个数位

1. 问题描述

找出无限正整数序列 1,2,3,4,5,6,7,8,9,10,11,…中的第 n 个数位。注：n 是一个正整数，且不会超出 32 位有符号整数的范围（$n<2^{31}$）。

2. 问题示例

输入：$n=11$

输出：0

注：正整数序列 1,2,3,4,5,6,7,8,9,10,11,… 可以看作数字 1234567891011…，其中正整数序列的第 11 个数位即为上述数字的第 11 位数，即 0。

3. 代码实现

相关代码如下：

```
public class Main {
    public static void main(String[] args) {
        int n = 11;
        System.out.println("输入");
        System.out.println(n);
        System.out.println("输出");
        System.out.println(findNthDigit(n));
    }
    public static int findNthDigit(int n) {
        int len = 1;
        long count = 9;
        int start = 1;
        while (n > len * count) {
            n -= len * count;
            len += 1;
            count * = 10;
            start * = 10;
        }
        start += (n - 1) / len;
        String s = Integer.toString(start);
        return Character.getNumericValue(s.charAt((n - 1) % len));
    }
}
```

4. 运行结果

输入：11

输出：0

实例 159　查找左叶子节点值的和

1. 问题描述

找出给定二叉树中所有左叶子节点值的和(叶子节点是指没有左右子树的节点)。

2. 问题示例

输入：tree={3,9,20,#,#,15,7}

输出：24

注：这棵二叉树中有两个左叶子节点，它们的值分别为 9 和 15。因此返回 24。

```
  3
 / \
9  20
  /  \
 15   7
```

3. 代码实现

相关代码如下：

```
public class Main {
    public static void main(String[] args) {
        TreeNode treeNode1 = new TreeNode(3);
        TreeNode treeNode2 = new TreeNode(9);
        TreeNode treeNode3 = new TreeNode(20);
        TreeNode treeNode4 = new TreeNode(15);
        TreeNode treeNode5 = new TreeNode(7);
        treeNode3.setLeft(treeNode4);
        treeNode3.setRight(treeNode5);
        treeNode1.setLeft(treeNode2);
        treeNode1.setRight(treeNode3);
        System.out.println("输入");
System.out.println("{3,9,20,#,#,15,7}");
        System.out.println("输出");
        System.out.println(sumOfLeftLeaves(treeNode1));
    }
    public static int sumOfLeftLeaves(TreeNode root) {
        if(root == null) {
            return 0;
        }
        int sum = 0;
        if(root.left != null)
        {
            TreeNode left = root.left;
            if(left.left == null && left.right == null) {
                sum += left.val;
            }
            else {
                sum += sumOfLeftLeaves(left);
            }
        }
        if(root.right != null)
        {
            TreeNode right = root.right;
            sum += sumOfLeftLeaves(right);
        }
        return sum;
    }
}
class TreeNode {
    int val;
    public void setLeft(TreeNode left) {
        this.left = left;
    }
    public void setRight(TreeNode right) {
        this.right = right;
    }
```

```
    TreeNode left;
    TreeNode right;
    TreeNode(int x) {
        val = x;
    }
}
```

4. 运行结果

输入：{3,9,20,#,#,15,7}

输出：24

实例 160 整理字符串格式

1. 问题描述

给定一个用字符串 S 表示的许可证，其中仅包含数字、字母和短横线“-”。字符串被 N 个短横线切分为 $N+1$ 组。然后再给定一个数字 K，要求重新整理字符串的格式，使得除第一组之外的每组都正好包含 K 个字符；第一组长度可以比 K 小，但至少要包含一个字符；此外，两个组之间必须插入一个短横线，所有小写字母都要转换为大写字母。注：字符串 S 的长度不超过 12000，而且 K 是一个正整数。字符串 S 非空，仅包含大小写字母、数字和短横线。输出整理后的字符串。

2. 问题示例

输入：S=5F3Z-2e-9-w，K=4

输出：5F3Z-2E9W

注：字符串 S 被切分为两部分，每部分有 4 个字符，原字符串中两个额外的横线是多余的，可以删除。

3. 代码实现

相关代码如下：

```
public class Main {
    public static void main(String[] args) {
        String S = "5F3Z-2e-9-w";
        int K = 4;
        System.out.println("输入");
        System.out.println(S);
        System.out.println(K);
        System.out.println("输出");
        System.out.println(licenseKeyFormatting(S, K));
    }
    public static String licenseKeyFormatting(String S, int K) {
        S = S.replaceAll("[-]", "").toUpperCase();
        int count = 0;
        StringBuilder sb = new StringBuilder();
        for (int i = S.length() - 1; i >= 0; i--) {
```

```
                if (count == K) {
                    sb.insert(0, "-");
                    count = 0;
                }
                count++;
                sb.insert(0, String.valueOf(S.charAt(i)));
            }
            return sb.toString();
        }
    }
```

4. 运行结果

输入：5F3Z-2e-9-w　4

输出：5F3Z-2E9W

实例 161　检测大写字母用法的正确性

1. 问题描述

给定一个单词 S，请判断其中大写字母的用法是否正确。当下列情况之一成立时，将单词中大写字母的用法定义为正确：第一种情况是单词中的所有字母都是大写字母，例如 USA；第二种情况是单词中的所有字母都不是大写字母，例如 lintcode；第三种情况是多个字母的单词中的第一个字母是大写字母，例如 Google。否则，定义该单词没有以正确的方式使用大写字母。

2. 问题示例

输入：S＝USA

输出：true

3. 代码实现

相关代码如下：

```
public class Main {
    public static void main(String[] args) {
        String S = "USA";
        System.out.println("输入");
        System.out.println(S);
        System.out.println("输出");
        System.out.println(detectCapitalUse(S));
    }
    public static boolean detectCapitalUse(String word) {
        int countUpper = 0, countLower = 0;
        boolean flag = word.charAt(0) >= 'A' && word.charAt(0) <= 'Z';
        for (int i = 0; i < word.length(); i++)
        {
            if (word.charAt(i) >= 'A' && word.charAt(i) <= 'Z')
            {
```

```
                countUpper++;
                if(i != 0 && countLower > 0 && !flag)
                    return false;
                if (countLower > 0 && countUpper > 1)
                    return false;
            }
            else
            {
                countLower++;
                if (countUpper > 1)
                    return false;
            }
        }
        return true;
    }
}
```

4. 运行结果

输入：USA

输出：true

实例 162　查找 K-diff 对的数量

1. 问题描述

给定一个整数数组和一个整数 k，请找到数组中不同的 k-diff 对的数量。这里 k-diff 对被定义为整数对(i,j)，其中 i 和 j 都是数组中的数字，它们的绝对差是 k。注：①(i,j)和(j,i)计为同一对；②数组的长度不超过 10000；③给定输入中的所有整数都在[－1e7,1e7]。

2. 问题示例

输入：nums＝[3，1，4，1，5]，$k=2$

输出：2

注：数组中有(1,3)和(3,5)两个 2-diff 对，虽然在输入中有两个 1，但应该只返回一个(1,3)。

3. 代码实现

相关代码如下：

```
import java.util.Arrays;
public class Main {
    public static void main(String[] args) {
        int[] nums = {3, 1, 4, 1, 5};
        int k = 2;
        System.out.println("输入");
        System.out.println(Arrays.toString(nums));
        System.out.println(k);
        System.out.println("输出");
```

```
        System.out.println(findPairs(nums, k));
    }
    public static int findPairs(int[] nums, int k) {
        Arrays.sort(nums);
        int n = nums.length, ans = 0;
        for (int i = 0, j = 0; i < n; ++i) {
            if (i == j) j++;
            while (i + 1 < n && nums[i] == nums[i + 1]) i++;
            while (j + 1 < n && nums[j] == nums[j + 1]) j++;
            while (j < n && Math.abs(nums[j] - nums[i]) < k) j++;
            if (j >= n) break;
            if (Math.abs(nums[j] - nums[i]) == k) {
                ans++;
                j++;
            }
        }
        return ans;
    }
}
```

4. 运行结果

输入：[3,1,4,1,5]　2

输出：2

实例 163　翻转字符串 2

1. 问题描述

给定一个字符串 s 和一个整数 k，请翻转从字符串开头算起的每 $2k$ 个字符的前 k 个字符。如果剩余字符少于 k 个，则翻转全部剩余字符。如果剩余字符数小于 $2k$，但大于或等于 k，则翻转前 k 个字符，并将其他字符保留为原始字符。字符串仅包含小写英文字母，长度及 k 的大小均在 [1,10000]内。输出翻转后的字符。

2. 问题示例

输入：s=abcdefg，k=2

输出：bacdfeg

3. 代码实现

相关代码如下：

```
public class Main {
    public static void main(String[] args) {
        String s = "abcdefg";
        int k = 2;
        System.out.println("输入");
        System.out.println(s);
        System.out.println(k);
        System.out.println("输出");
```

```
        System.out.println(reverseStringII(s, 2));
    }
    public static String reverseStringII(String s, int k) {
        if (s == null || s.length() <= 1 || k <= 0) {
            return s;
        }
        char[] ss = s.toCharArray();
        int n = ss.length;
        int l = 0, r = Math.min(k - 1, n - 1);
        while (l < n) {
            reverseRange(ss, l, r);
            l += 2 * k;
            r = Math.min(r + 2 * k, n - 1);
        }
        return new String(ss);
    }
    private static void reverseRange(char[] ss, int begin, int end) {
        while (begin < end) {
            char tmp = ss[begin];
            ss[begin] = ss[end];
            ss[end] = tmp;
            begin++;
            end--;
        }
    }
}
```

4. 运行结果

输入：abcdefg　2

输出：bacdfeg

实例 164　计算二叉树的直径长度

1. 问题描述

给定一棵二叉树，请计算该二叉树的直径长度。二叉树的直径是树中任意两个节点之间最长路径的长度。注：两个节点之间的路径长度由它们之间的边数表示。

2. 问题示例

输入：二叉树如下：

```
    1
   / \
  2   3
 / \
4   5
```

输出：3

注：这是路径[4,2,1,3]或[5,2,1,3]的长度。

3. 代码实现

相关代码如下：

```
public class Main {
    public static void main(String[] args) {
        TreeNode treeNode1 = new TreeNode(1);
        TreeNode treeNode2 = new TreeNode(2);
        TreeNode treeNode3 = new TreeNode(3);
        TreeNode treeNode4 = new TreeNode(4);
        TreeNode treeNode5 = new TreeNode(5);
        treeNode2.setLeft(treeNode4);
        treeNode2.setRight(treeNode5);
        treeNode1.setLeft(treeNode2);
        treeNode1.setRight(treeNode3);
        System.out.println("输入");
System.out.println("[1,2,3,4,5]");
        System.out.println("输出");
        System.out.println(diameterOfBinaryTree(treeNode1));
    }
    static int max = 0;
    public static int diameterOfBinaryTree(TreeNode root) {
        maxDepth(root);
        return max;
    }
    private static int maxDepth(TreeNode root) {
        if (root == null) return 0;
        int left = maxDepth(root.left);
        int right = maxDepth(root.right);
        max = Math.max(max, left + right);
        return Math.max(left, right) + 1;
    }
}
class TreeNode {
    int val;
    public void setLeft(TreeNode left) {
        this.left = left;
    }
    public void setRight(TreeNode right) {
        this.right = right;
    }
    TreeNode left;
    TreeNode right;
    TreeNode(int x) {
        val = x;
    }
}
```

4. 运行结果

输入：[1,2,3,4,5]

输出：3

实例 165　学生出勤记录

1. 问题描述

给定一个字符串 S 表示学生出勤记录，记录仅由 A、L、P 三个字符组成，其中 A 表示缺席(Absent)，L 表示迟到(Late)，P 表示到场(Present)。如果学生的出勤记录中的 A(缺席)不超过一个，且连续的 L(迟到)不超过两个，则该学生将得到奖励，返回 true，否则返回 false。

2. 问题示例

输入：S=PPALLP

输出：true

3. 代码实现

相关代码如下：

```
public class Main {
    public static void main(String[ ] args) {
        String S = "PPALLP";
        System.out.println("输入");
        System.out.println(S);
        System.out.println("输出");
        System.out.println(checkRecord(S));
    }
    public static boolean checkRecord(String s) {
        int lateConsecutively = 0;
        boolean absented = false;
        for (char c : s.toCharArray()) {
            if (c == 'L') {
                if (lateConsecutively == 2) {
                    return false;
                }
                lateConsecutively++;
            } else {
                if (c == 'A') {
                    if (absented) {
                        return false;
                    }
                    absented = true;
                }
                lateConsecutively = 0;
            }
        }
        return true;
    }
}
```

4. 运行结果

输入：PPALLP

输出：true

实例 166 二叉树倾斜程度

1. 问题描述

给定一棵二叉树，返回整棵树的倾斜程度。一个节点的倾斜程度定义为左子树的所有节点值和与右子树所有节点值之和的绝对值差。空节点的倾斜程度定义为 0。整棵二叉树的倾斜程度定义为所有节点的倾斜程度之和。注：任何子树的所有节点和不超过 32 位整数的范围。所有倾斜程度值也不超过 32 位整数的范围。

2. 问题示例

输入：tree＝{1,2,3}

输出：1

注：给定的二叉树为

```
  1
 / \
2   3
```

其节点 2 的倾斜程度为 0，节点 3 的倾斜程度为 0，节点 1 的倾斜程度为|2－3|＝1，故整棵树的倾斜程度为 0＋0＋1＝1。

3. 代码实现

相关代码如下：

```
public class Main {
    public static void main(String[] args) {
        TreeNode treeNode1 = new TreeNode(1);
        TreeNode treeNode2 = new TreeNode(2);
        TreeNode treeNode3 = new TreeNode(3);
        treeNode1.setLeft(treeNode2);
        treeNode1.setRight(treeNode3);
        System.out.println("输入");
        System.out.println("{1,2,3}");
        System.out.println("输出");
        System.out.println(findTilt(treeNode1));
    }
    public static int findTilt(TreeNode root) {
        return countTree(root)[1];
    }
    public static int[] countTree(TreeNode root) {
        if (root == null) return new int[]{0, 0};
        int[] l = countTree(root.left);
        int[] r = countTree(root.right);
        return new int[]{root.val + l[0] + r[0], l[1] + r[1] + Math.abs(l[0] - r[0])};
```

```
    }
}
class TreeNode {
    int val;
    public void setLeft(TreeNode left) {
        this.left = left;
    }
    public void setRight(TreeNode right) {
        this.right = right;
    }
    TreeNode left;
    TreeNode right;
    TreeNode(int x) {
        val = x;
    }
}
```

4. 运行结果

输入：{1,2,3}

输出：1

实例 167　重塑矩阵

1. 问题描述

在 MATLAB 中有一个函数 reshape，它可以将矩阵重新整形为一个不同大小的矩阵，并保留其原始数据。请给出一个由二维数组表示的矩阵，以及分别表示需重新整形矩阵的行数和列数的两个正整数 r 和 c。重新生成的矩阵需要用原始矩阵的所有元素以相同的行遍历顺序填充。如果使用给定参数的重塑操作是可行且合法的，则输出新的矩阵；否则输出原始矩阵。注：矩阵行和列的大小在[1,100]内，给出的 r 和 c 都为正数。

2. 问题示例

输入：nums=[[1,2], [3,4]],$r=1$, $c=4$

输出：[[1,2,3,4]]

注：行遍历的顺序为 [1,2,3,4]，新生成的矩阵大小为 1×4，根据前面给出的列表按行遍历即可。

3. 代码实现

相关代码如下：

```
import java.util.Arrays;
public class Main {
    public static void main(String[] args) {
        int[][] nums = {{1, 2}, {3, 4}};
        int r = 1, c = 4;
        System.out.println("输入");
        System.out.println(Arrays.deepToString(nums));
```

```
        System.out.println(r);
        System.out.println(c);
        System.out.println("输出");
        System.out.println(Arrays.deepToString(matrixReshape(nums, r, c)));
    }
    public static int[][] matrixReshape(int[][] nums, int r, int c) {
        if (r * c != nums.length * nums[0].length)
            return nums;
        int[][] newNums = new int[r][c];
        int ir = 0, ic = 0;
        for (int i = 0; i < nums.length; ++i) {
            for (int j = 0; j < nums[i].length; ++j) {
                newNums[ir][ic] = nums[i][j];
                ic++;
                if (ic == c) {
                    ic = 0;
                    ir++;
                }
            }
        }
        return newNums;
    }
}
```

4. 运行结果

输入：[[1,2],[3,4]] 1 4

输出：[[1,2,3,4]]

实例 168 数组评分

1. 问题描述

有 1 个数组 nums 及 3 个正整数 k、u、l。对于数组 nums 的所有长度为 k 的子数组，如果它的元素总和小于 u，则得 1 分；如果它的元素总和大于 l，则扣 1 分。最后的得分可以是负数。

2. 问题示例

输入：nums=[0, 1, 2, 3, 4]，$k=2$，$u=2$，$l=5$

输出：0

注：在样例中，数组[0,1,2,3,4]所有的长为 22 的子数组分别为[0,1]，[1,2]，[2,3]和[3,4]，它们的元素和分别为 1,3,5,7。其中 1<2，加 1 分；7>5，扣 1 分，故总计 0 分。

3. 代码实现

相关代码如下：

```
import java.util.ArrayList;
import java.util.List;
```

```
public class Main {
    public static void main(String[] args) {
        List<Integer> nums = new ArrayList<Integer>();
        int k = 2, u = 2, l = 5;
        for (int i = 0; i < 5; i++) {
            nums.add(i);
        }
        System.out.println("输入");
        System.out.println(nums);
        System.out.println(k);
        System.out.println(u);
        System.out.println(l);
        System.out.println("输出");
        System.out.println(arrayScore(nums, k, u, l));
    }
    public static int arrayScore(List<Integer> nums, int k, long u, long l) {
        int result = 0;
        long sum = 0;
        for (int i = 0; i < k; i++) {
            sum += nums.get(i);
        }
        if (sum > l) result--;
        if (sum < u) result++;
        for (int i = k; i < nums.size(); i++) {
            sum = sum - nums.get(i - k) + nums.get(i);
            if (sum > l) result--;
            if (sum < u) result++;
        }
        return result;
    }
}
```

4. 运行结果

输入：[0,1,2,3,4]　2　2　5

输出：0

实例 169　查找两棵二叉树相同结构和节点值

1. 问题描述

给定两棵非空二叉树 s 和 t，检查二叉树 t 是否和二叉树 s 的一棵子树具有完全相同的结构和节点值。二叉树 s 的子树是由 s 中的一个节点和该节点的所有后续节点组成的二叉树。二叉树 s 本身也可以被视为自己的一棵子树。

2. 问题示例

输入：二叉树 s 为

```
    3
   / \
  4   5
 / \
1   2
```

二叉树 t 为

```
  4
 / \
1   2
```

输出：true

注：因为二叉树 t 和 s 的子树具有完全相同的结构和节点值。

3. 代码实现

相关代码如下：

```java
public class Main {
    public static void main(String[] args) {
        TreeNode treeNode_s1 = new TreeNode(3);
        TreeNode treeNode_s2 = new TreeNode(4);
        TreeNode treeNode_s3 = new TreeNode(5);
        TreeNode treeNode_s4 = new TreeNode(1);
        TreeNode treeNode_s5 = new TreeNode(2);
        TreeNode treeNode_t1 = new TreeNode(4);
        TreeNode treeNode_t2 = new TreeNode(1);
        TreeNode treeNode_t3 = new TreeNode(2);
        treeNode_s2.setLeft(treeNode_s4);
        treeNode_s2.setRight(treeNode_s5);
        treeNode_s1.setLeft(treeNode_s2);
        treeNode_s1.setRight(treeNode_s3);
        treeNode_t1.setLeft(treeNode_t2);
        treeNode_t1.setRight(treeNode_t3);
        System.out.println("输入");
        System.out.println("{3,4,5,1,2}");
        System.out.println("{4,1,2}");
        System.out.println("输出");
        System.out.println(isSubtree(treeNode_s1, treeNode_t1));
    }
    public static boolean isSubtree(TreeNode s, TreeNode t) {
        if (s == null) {
            return t == null;
        }
        if (s.val == t.val && isSametree(s, t)){
            return true;
        }
        return isSubtree(s.left, t) | isSubtree(s.right, t);
    }
    private static boolean isSametree(TreeNode s, TreeNode t) {
        if (s == null){
            return t == null;
        }
        if (t == null){
```

```
            return false;
        }
        if (s.val != t.val){
            return false;
        }
        return isSametree(s.left, t.left) & isSametree(s.right, t.right);
    }
}
class TreeNode {
    int val;
    public void setLeft(TreeNode left) {
        this.left = left;
    }
    public void setRight(TreeNode right) {
        this.right = right;
    }
    TreeNode left;
    TreeNode right;
    TreeNode(int x) {
        val = x;
    }
}
```

4. 运行结果

输入：{3,4,5,1,2}　{4,1,2}

输出：true

实例 170　分糖果

1. 问题描述

给定长度为偶数的整数数组，该数组中不同的数字代表不同种类的糖果，每个数字表示一种糖果。请将这些糖果平均分配给 A 和 B 同学，并返回 B 同学可以获得糖果种类的最大数量。

给定数组的长度在[2,10000]内，且为偶数；数组中数字在[−100000,100000]内。

2. 问题示例

输入：candies=[1,1,2,2,3,3]

输出：3

注：有三种不同的糖果(1,2,3)，每种糖果有两个。最佳分法：分给 A 同学[1,2,3]，分给 B 同学[1,2,3]。故 B 同学可以获得三种不同的糖果。

3. 代码实现

相关代码如下：

```
import java.util.Arrays;
import java.util.HashSet;
```

```
import java.util.Set;
public class Main {
    public static void main(String[] args) {
        int[] candies = {1, 1, 2, 2, 3, 3};
        System.out.println("输入");
        System.out.println(Arrays.toString(candies));
        System.out.println("输出");
        System.out.println(distributeCandies(candies));
    }
    public static int distributeCandies(int[] candies) {
        Set<Integer> set = new HashSet<Integer>();
        int index = 0, count = 0;
        while (index < candies.length && count < candies.length / 2) {
            if (!set.contains(candies[index])) {
                count++;
                set.add(candies[index]);
            }
            index++;
        }
        return count;
    }
}
```

4. 运行结果

输入：[1,1,2,2,3,3]

输出：3

实例 171　判断能否种植花

1. 问题描述

假设有一个长花圃，其中有些地块已经被种植，有些地块未被种植。不能够在相邻的地块上种植花，否则它们会争夺水分，从而导致花的死亡。给定一个花圃（用一个包含 0 和 1 的数组表示，其中 0 代表地块未被种植，1 代表地块已被种植）和一个数字 n，返回 n 棵花在这个花圃中能否在不违反无相邻花的规则下种植。注：数组的大小在[1, 20000]内，n 是一个不超过输入数组大小的非负整数。

2. 问题示例

输入：flowerbed=[1,0,0,0,1], n=1

输出：true

3. 代码实现

相关代码如下：

```
import java.util.Arrays;
public class Main {
    public static void main(String[] args) {
```

```
        int[] flowerbed = {1, 0, 0, 0, 1};
        int n = 1;
        System.out.println("输入");
        System.out.println(Arrays.toString(flowerbed));
        System.out.println(n);
        System.out.println("输出");
        System.out.println(canPlaceFlowers(flowerbed, n));
    }
    public static boolean canPlaceFlowers(int[] flowerbed, int n) {
        int count = 0;
        for (int i = 0; i < flowerbed.length; i++) {
            if (flowerbed[i] == 0 && (i == 0 || flowerbed[i - 1] == 0)
                    && (i == flowerbed.length - 1 || flowerbed[i + 1] == 0)) {
                flowerbed[i] = 1;
                count++;
            }
            if (count >= n) {
                flowerbed return true;
            }
        }
        return false;
    }
}
```

4. 运行结果

输入：[1,0,0,0,1]　　1

输出：true

实例 172　从二叉树构建字符串

1. 问题描述

通过一棵二叉树的前序遍历，构建一个包含括号和整数的字符串。空节点需要用空括号对()表示。忽略所有不影响字符串和原始二叉树一对一映射关系的空括号对。注：前序遍历见实例 297。

2. 问题示例

输入：tree=[1,2,3,4]

```
  1
 / \
2   3
/
4
```

输出：1(2(4))(3)

注：初始字符串为 1(2(4)())(3()())，忽略所有不必要的空括号对后变成 1(2(4))(3)。

3. 代码实现

相关代码如下：

```
public class Main {
    public static void main(String[] args) {
        TreeNode treeNode1 = new TreeNode(1);
        TreeNode treeNode2 = new TreeNode(2);
        TreeNode treeNode3 = new TreeNode(3);
        TreeNode treeNode4 = new TreeNode(4);
        treeNode2.setLeft(treeNode4);
        treeNode1.setLeft(treeNode2);
        treeNode1.setRight(treeNode3);
        System.out.println("输入");
        System.out.println("[1,2,3,4]");
        System.out.println("输出");
        System.out.println(tree2str(treeNode1));
    }
    public static String tree2str(TreeNode t) {
        String s = String.valueOf(t.val);
        boolean haveLeft = false;
        if (t.left != null) {
            haveLeft = true;
            s += '(' + tree2str(t.left) + ')';
        }
        if (t.right != null) {
            if (!haveLeft) s += "()";
            s += '(' + tree2str(t.right) + ')';
        }
        return s;
    }
}
class TreeNode {
    int val;
    public void setLeft(TreeNode left) {
        this.left = left;
    }
    public void setRight(TreeNode right) {
        this.right = right;
    }
    TreeNode left;
    TreeNode right;
    TreeNode(int x) {
        val = x;
    }
}
```

4. 运行结果

输入：[1,2,3,4]

输出：1(2(4))(3)

实例 173 团购商品次数

1. 问题描述

有 x 个人计划购买 A 类商品，y 个人计划购买 B 类商品，z 个人计划购买 C 类商品，每个人只计划购买 1 件商品。团购规则如下：①每次团购规定购买 3 件商品；②每次团购至少购买 1 件 A 类商品和 1 件 B 类商品。请求出这些人最多需团购多少次。注：$0 \leqslant x, y, z \leqslant 10^6$，两次团购的商品分别是[A,B,B]和[A,B,C]。

2. 问题示例

输入：$x=2, y=3, z=1$

输出：2

3. 代码实现

相关代码如下：

```
public class Main {
    public static void main(String[] args) {
        int x = 2, y = 3, z = 1;
        System.out.println("输入");
        System.out.println(x);
        System.out.println(y);
        System.out.println(z);
        System.out.println("输出");
        System.out.println(groupBuyTimes(x, y, z));
    }
    public static int groupBuyTimes(int x, int y, int z) {
        int result1 = (x + y + z) / 3;
        int result2 = Math.min(x, y);
        return Math.min(result1, result2);
    }
}
```

4. 运行结果

输入：2 3 1

输出：2

实例 174 合并两棵二叉树

1. 问题描述

给出两棵二叉树，请将这两棵二叉树合并成一棵新的二叉树。合并的规则是：用一棵二叉树覆盖另一棵二叉树，如果其中两个节点重叠，则将这两个节点值相加作为合并节点的新值；否则，非空的节点将用作新树的节点。注：合并过程必须从两棵二叉树的根节点开始。

2. 问题示例

输入：tree＝{1,3,2,5},{2,1,3,＃,4,＃,7}

输出：{3,4,5,5,4,＃,7}

注：

二叉树 1 为

```
  1
 / \
3   2
/
5
```

二叉树 2 为

```
 2
/ \
1   3
\   \
 4   7
```

合并的树为

```
   3
  / \
 4   5
/ \   \
5 4    7
```

3. 代码实现

相关代码如下：

```
import java.util.ArrayList;
import java.util.List;
public class Main {
    public static void main(String[] args) {
        TreeNode treeNode_s1 = new TreeNode(1);
        TreeNode treeNode_s2 = new TreeNode(3);
        TreeNode treeNode_s3 = new TreeNode(2);
        TreeNode treeNode_s4 = new TreeNode(5);
        TreeNode treeNode_t1 = new TreeNode(2);
        TreeNode treeNode_t2 = new TreeNode(1);
        TreeNode treeNode_t3 = new TreeNode(3);
        TreeNode treeNode_t4 = new TreeNode(4);
        TreeNode treeNode_t5 = new TreeNode(7);
        treeNode_s2.setLeft(treeNode_s4);
        treeNode_s1.setLeft(treeNode_s2);
        treeNode_s1.setRight(treeNode_s3);
        treeNode_t2.setRight(treeNode_t4);
        treeNode_t3.setRight(treeNode_t5);
        treeNode_t1.setLeft(treeNode_t2);
        treeNode_t1.setRight(treeNode_t3);
        System.out.println("输入");
        System.out.println("{1,3,2,5}");
        System.out.println("{2,1,3,＃,4,＃,7}");
        System.out.println("输出");
```

```
        System.out.println(levelOrder(mergeTrees(treeNode_s1, treeNode_t1)));
    }
    public static TreeNode mergeTrees(TreeNode t1, TreeNode t2) {
        if (t1 == null) return t2;
        if (t2 == null) return t1;
        TreeNode t3 = new TreeNode(t1.val + t2.val);
        t3.left = mergeTrees(t1.left, t2.left);
        t3.right = mergeTrees(t1.right, t2.right);
        return t3;
    }
    public static List<List<Integer>> levelOrder(TreeNode root) {
        List<List<Integer>> res = new ArrayList<>();
        if (root == null) {
            return res;
        }
        dfs(root, res, 0);
        return res;
    }
    private static void dfs(TreeNode root, List<List<Integer>> res, int level) {
        if (root == null) {
            return;
        }
        if (level == res.size()) {
            res.add(new ArrayList<>());
        }
        res.get(level).add(root.val);
        dfs(root.left, res, level + 1);
        dfs(root.right, res, level + 1);
    }
}
class TreeNode {
    int val;
    public void setLeft(TreeNode left) {
        this.left = left;
    }
    public void setRight(TreeNode right) {
        this.right = right;
    }
    TreeNode left;
    TreeNode right;
    TreeNode(int x) {
        val = x;
    }
}
```

4. 运行结果

输入：{1,3,2,5} {2,1,3,#,4,#,7}

输出：{3,4,5,5,4,#,7}

实例 175　二叉树每层的平均值

1. 问题描述

给定一棵非空二叉树，以数组的形式返回每层节点的平均值。注：节点值在 32 位有符号整数的范围内。

2. 问题示例

输入：

```
  3
 / \
9  20
   / \
  15  7
```

输出：[3,14.5,11]

注：第 0 层节点的平均值是 3，第 1 层节点的平均值是 14.5，第 2 层节点的平均值是 11，因此需要返回[3,14.5,11]。

3. 代码实现

相关代码如下：

```java
import java.util.ArrayList;
import java.util.LinkedList;
import java.util.List;
import java.util.Queue;
public class Main {
    public static void main(String[ ] args) {
        TreeNode treeNode1 = new TreeNode(3);
        TreeNode treeNode2 = new TreeNode(9);
        TreeNode treeNode3 = new TreeNode(20);
        TreeNode treeNode4 = new TreeNode(15);
        TreeNode treeNode5 = new TreeNode(7);
        treeNode3.setLeft(treeNode4);
        treeNode3.setRight(treeNode5);
        treeNode1.setLeft(treeNode2);
        treeNode1.setRight(treeNode3);
        System.out.println("输入");
        System.out.println("{3,9,20,15,7}");
        System.out.println("输出");
        System.out.println(averageOfLevels(treeNode1));
    }
    public static List<Double> averageOfLevels(TreeNode root) {
        List<Double> result = new ArrayList<>();
        if (null == root) {
            return result;
        }
        Queue<TreeNode> queue = new LinkedList<>();
        queue.offer(root);
```

```
        while (!queue.isEmpty()) {
            int size = queue.size();
            Double sum = 0d;
            for (int i = 0; i < size; i++) {
                TreeNode head = queue.poll();
                sum += Double.valueOf(head.val);
                if (null != head.left) {
                    queue.offer(head.left);
                }
                if (null != head.right) {
                    queue.offer(head.right);
                }
            }
            result.add(sum / size);
        }
        return result;
    }
}
class TreeNode {
    int val;
    public void setLeft(TreeNode left) {
        this.left = left;
    }
    public void setRight(TreeNode right) {
        this.right = right;
    }
    TreeNode left;
    TreeNode right;
    TreeNode(int x) {
        val = x;
    }
}
```

4. 运行结果

输入：{3,9,20,15,7}

输出：[3,14.5,11]

实例 176　寻找数据错误

1. 问题描述

集合 S 中包含数字 1～n，但由于数据错误，集合中的一个数字变成了集合中的另一个数字，导致集合中有两个重复的数字，并且缺失了 1～n 的某个数字。给定数组 nums，表示发生错误后的数组，以数组的形式返回重复的数字和缺失的数字。数组的大小在[2,10000]内，数组元素是无序的。

2. 问题示例

输入：nums=[1,2,2,4]

输出：[2,3]

注：2 是重复的数字，3 是缺失的数字。

3. 代码实现

相关代码如下：

```
import java.util.Arrays;
public class Main {
    public static void main(String[] args) {
        int[] nums = {1, 2, 2, 4};
        System.out.println("输入");
        System.out.println(Arrays.toString(nums));
        System.out.println("输出");
        System.out.println(Arrays.toString(findErrorNums(nums)));
    }
    public static int[] findErrorNums(int[] nums) {
        boolean[] vis = new boolean[nums.length + 1];
        int answer_repeat = 0, answer_missing = 0;
        for (int i = 0; i < nums.length; i++) {
            if (!vis[nums[i]])
                vis[nums[i]] = true;
            else
                answer_repeat = nums[i];
        }
        for (int i = 1; i <= nums.length; i++)
            if (!vis[i]) {
                answer_missing = i;
                break;
            }
        return new int[]{answer_repeat, answer_missing};
    }
}
```

4. 运行结果

输入：[1,2,2,4]

输出：[2,3]

实例 177 构建最大二叉树

1. 问题描述

给定一个没有重复元素的整数数组。根据此数组构建的最大二叉树定义如下：①root根节点是数组中的最大数字；②左子树是根据最大数字左侧的子数组构建的最大二叉树；③右子树是根据最大数字右侧的子数组构建的最大二叉树；④通过给定的数组构造最大二叉树，并返回此二叉树的根节点。注：给定数组的大小在[1,1000]内。

2. 问题示例

输入：nums={3,2,1,6,0,5}

输出：返回代表下面这棵树的根节点。

```
  6
 / \
3   5
 \ /
 2 0
  \
   1
```

3. 代码实现

相关代码如下：

```
import java.util.ArrayList;
import java.util.Arrays;
import java.util.List;
public class Main {
    public static void main(String[] args) {
        int[] nums = {3, 2, 1, 6, 0, 5};
        System.out.println("输入");
        System.out.println(Arrays.toString(nums));
        System.out.println("输出");
        System.out.println(levelOrder(constructMaximumBinaryTree(nums)));
    }
    public static TreeNode constructMaximumBinaryTree(int[] nums) {
        if (nums == null) {
            return null;
        }
        return build(nums, 0, nums.length - 1);
    }
    private static TreeNode build(int[] nums, int start, int end) {
        if (start > end) {
            return null;
        }
        int idxMax = start;
        for (int i = start + 1; i <= end; i++) {
            if (nums[i] > nums[idxMax]) {
                idxMax = i;
            }
        }
        TreeNode root = new TreeNode(nums[idxMax]);
        root.left = build(nums, start, idxMax - 1);
        root.right = build(nums, idxMax + 1, end);
        return root;
    }
    public static List<List<Integer>> levelOrder(TreeNode root) {
        List<List<Integer>> res = new ArrayList<>();
        if (root == null) {
            return res;
        }
        dfs(root, res, 0);
        return res;
    }
```

```
    private static void dfs(TreeNode root, List<List<Integer>> res, int level) {
        if (root == null) {
            return;
        }
        if (level == res.size()) {
            res.add(new ArrayList<>());
        }
        res.get(level).add(root.val);
        dfs(root.left, res, level + 1);
        dfs(root.right, res, level + 1);
    }
}
class TreeNode {
    int val;
    public void setLeft(TreeNode left) {
        this.left = left;
    }
    public void setRight(TreeNode right) {
        this.right = right;
    }
    TreeNode left;
    TreeNode right;
    TreeNode(int x) {
        val = x;
    }
}
```

4. 运行结果

输入：[3,2,1,6,0,5]

输出：{6,3,5,＃,2,0,＃,＃,1}

实例 178 设计平滑器

1. 问题描述

给定一个包含整数的二维矩阵，M 表示图片的灰度。请设计一个平滑器使每个单元的灰度成为平均灰度(每个矩阵元素均用其自身和周围 8 个元素的平均值代替，平均值向下取整)。注：给定矩阵中的整数范围为[0，255]，矩阵的长和宽的范围均为[1，150]。

2. 问题示例

输入：img＝

[[1,1,1],

[1,0,1],

[1,1,1]]

输出：

[[0, 0, 0],

[0, 0, 0],
[0, 0, 0]]

注：对于点(0,0)，它与周围元素的平均值为 0. 75，向下取整得到 0；对于点(0,1)，它与周围元素的平均值为 0.83333333，向下取整得到 0；对于点(1,1)，它与周围元素的平均值为 0.88888889，向下取整得到 0。

3. 代码实现

相关代码如下：

```
import java.util.Arrays;
public class Main {
    public static void main(String[] args) {
        int[][] img = {{1, 1, 1}, {1, 0, 1}, {1, 1, 1}};
        System.out.println("输入");
        System.out.println(Arrays.deepToString(img));
        System.out.println("输出");
        System.out.println(Arrays.deepToString(imageSmoother(img)));
    }
    public static int[][] imageSmoother(int[][] img) {
        int m = img.length, n = img[0].length;
        int[][] ret = new int[m][n];
        for (int i = 0; i < m; i++) {
            for (int j = 0; j < n; j++) {
                int num = 0, sum = 0;
                for (int x = i - 1; x <= i + 1; x++) {
                    for (int y = j - 1; y <= j + 1; y++) {
                        if (x >= 0 && x < m && y >= 0 && y < n) {
                            num++;
                            sum += img[x][y];
                        }
                    }
                }
                ret[i][j] = sum / num;
            }
        }
        return ret;
    }
}
```

4. 运行结果

输入：[[1,1,1],[1,0,1],[1,1,1]]

输出：[[0,0,0],[0,0,0],[0,0,0]]

实例 179　不下降数组

1. 问题描述

给定一个包含 n 个整数的数组，请判断在改变至多一个元素的情况下，是否可以将该数组变成不下降数组。注：如果 array[i]≤array[$i+1$]对于每个 $i(1\leq i<n)$都成立，则 array 属于不下降数组。n 属于[1,10000]。

2. 问题示例

输入：nums=[4,2,3]

输出：true

注：将给定数组中的第一个 4 修改为 1，即可得到一个不下降数组。

3. 代码实现

相关代码如下：

```
import java.util.Arrays;
public class Main {
    public static void main(String[] args) {
        int[] nums = {4, 2, 3};
        System.out.println("输入");
        System.out.println(Arrays.toString(nums));
        System.out.println("输出");
        System.out.println(checkPossibility(nums));
    }
    public static boolean checkPossibility(int[] nums) {
        int count = 0;
        for (int i = 1; i < nums.length; i++)
            if (nums[i] < nums[i - 1]) {
                count++;
                if (i >= 2 && nums[i] < nums[i - 2])
                    nums[i] = nums[i - 1];
                else
                    nums[i - 1] = nums[i];
            }
        return count <= 1;
    }
}
```

4. 运行结果

输入：[4,2,3]

输出：true

实例 180 输出二叉树中次小的节点

1. 问题描述

给定一个非负值二叉树，其中树中的每个节点包含 2 个或 0 个子节点。如果一个节点有 2 个子节点，那么这个节点的值不大于它的 2 个子节点值。输出由整棵二叉树中的节点值构成集合中的次小值，即二叉树中次小的节点。如果不存在这样的次小值，则输出-1。

2. 问题示例

输入：

```
  2
 / \
2   5
   / \
  5   7
```

输出：5

注：整棵二叉树中的节点构成的集合中的最小值是2，次小值是5。

3. 代码实现

相关代码如下：

```
public class Main {
    public static void main(String[] args) {
        TreeNode treeNode1 = new TreeNode(2);
        TreeNode treeNode2 = new TreeNode(2);
        TreeNode treeNode3 = new TreeNode(5);
        TreeNode treeNode4 = new TreeNode(5);
        TreeNode treeNode5 = new TreeNode(7);
        treeNode3.setLeft(treeNode4);
        treeNode3.setRight(treeNode5);
        treeNode1.setLeft(treeNode2);
        treeNode1.setRight(treeNode3);
        System.out.println("输入");
        System.out.println("{2,2,5,#,#,5,7}");
        System.out.println("输出");
        System.out.println(findSecondMinimumValue(treeNode1));
    }
    public static int findSecondMinimumValue(TreeNode root) {
        if (root == null || (root.left == null && root.right == null)) {
            return -1;
        }
        TreeNode smallerSub = root.val == root.left.val ? root.left : root.right;
        TreeNode largerSub = root.val == root.left.val ? root.right : root.left;
        if (smallerSub.val == largerSub.val) {
            int s = findSecondMinimumValue(smallerSub);
            int l = findSecondMinimumValue(largerSub);
            if (s == -1) {
                return l;
            }
            if (l == -1) {
                return s;
            }
            return s < l ? s : l;
        }
        int s = findSecondMinimumValue(smallerSub);
        if (s != -1 && s < largerSub.val) {
            return s;
        }
```

```
            return largerSub.val;
        }
}
class TreeNode {
    int val;
    public void setLeft(TreeNode left) {
        this.left = left;
    }
    public void setRight(TreeNode right) {
        this.right = right;
    }
    TreeNode left;
    TreeNode right;
    TreeNode(int x) {
        val = x;
    }
}
```

4. 运行结果

输入：{2,2,5,#,#,5,7}

输出：5

实例 181 查找最长的单一路径

1. 问题描述

给定一棵二叉树，找到路径中每个节点具有相同值的最长路径的长度。此路径可能会通过根节点。注：①两个节点之间的路径长度由它们之间的边数表示；②给定的二叉树不超过 10000 个节点，树的高度不超过 1000。

2. 问题示例

输入：

```
    5
   / \
  4   5
 / \   \
1   1   5
```

输出：2

3. 代码实现

相关代码如下：

```
public class Main {
    public static void main(String[] args) {
        TreeNode treeNode1 = new TreeNode(5);
        TreeNode treeNode2 = new TreeNode(4);
        TreeNode treeNode3 = new TreeNode(5);
        TreeNode treeNode4 = new TreeNode(1);
        TreeNode treeNode5 = new TreeNode(1);
```

```
        TreeNode treeNode6 = new TreeNode(5);
        treeNode2.setLeft(treeNode4);
        treeNode2.setRight(treeNode5);
        treeNode3.setRight(treeNode6);
        treeNode1.setLeft(treeNode2);
        treeNode1.setRight(treeNode3);
        System.out.println("输入");
        System.out.println("{5,4,5,1,1,#,5}");
        System.out.println("输出");
        System.out.println(longestUnivaluePath(treeNode1));
    }
    static int res = 0;
    public static int longestUnivaluePath(TreeNode root) {
        if (root == null) {
            return 0;
        }
        help(root);
        return res;
    }
    public static void help(TreeNode root) {
        if (root == null) {
            return;
        }
        int temp = count(root.left, root.val) + count(root.right, root.val);
        res = Math.max(res, temp);
        help(root.left);
        help(root.right);
    }
    public static int count(TreeNode root, int val) {
        if (root == null || root.val != val) {
            return 0;
        }
        int left = count(root.left, val) + 1;
        int right = count(root.right, val) + 1;
        return Math.max(left, right);
    }
}
class TreeNode {
    int val;
    public void setLeft(TreeNode left) {
        this.left = left;
    }
    public void setRight(TreeNode right) {
        this.right = right;
    }
    TreeNode left;
    TreeNode right;
    TreeNode(int x) {
        val = x;
    }
}
```

4. 运行结果

输入：{5,4,5,1,1,#,5}

输出：2

实例 182　计算连续子串数量

1. 问题描述

给定字符串 *s*，计算有相同数量的 0 和 1 的非空连续子串的数量。要求子串中所有的 0 和所有的 1 分别连续。如有多个符合要求的子串，则按其出现次数重复计数。注：s.length 为 1～50000，*s* 仅由 0 和 1 组成。

2. 问题示例

输入：*s*＝00110011

输出：6

注：有 6 个符合题目的连续子串：0011、01、1100、10、0011 和 01。重复的子串会记录多次，而 00110011 是不合理的子串，因为未满足所有的 0 和 1 分别连续。

3. 代码实现

相关代码如下：

```
import java.util.Arrays;
public class Main {
    public static void main(String[] args) {
        String s = "00110011";
        System.out.println("输入");
        System.out.println(s);
        System.out.println("输出");
        System.out.println(countBinarySubstrings(s));
    }
    public static int countBinarySubstrings(String s) {
        int prevRunLength = 0, curRunLength = 1, res = 0;
        for (int i = 1; i < s.length(); i++) {
            if (s.charAt(i) == s.charAt(i - 1)) {
                curRunLength++;
            } else {
                prevRunLength = curRunLength;
                curRunLength = 1;
            }
            if (prevRunLength >= curRunLength) {
                res++;
            }
        }
        return res;
    }
}
```

4. 运行结果

输入：00110011

输出：6

实例 183　查找最短连续子数组

1. 问题描述

数组的度是指数组中任一元素出现次数的最大值。给定由非负整数组成的非空数组，请找出其最短的连续子数组，使得它和原数组有相同的度，并返回该连续子数组的长度。

注：nums.length 为 1～50000，nums[*i*]是 0～49999 的整数。

2. 问题示例

输入：nums=[1, 2, 2, 3, 1]

输出：2

注：输入数组的度是 2，因为 1 和 2 都出现 2 次。具有相同的度的子数组包括[1,2,2,3,1]，[1,2,2,3]，[2,2,3,1]，[1,2,2]，[2,2,3]和[2,2]，其中最短的连续子数组长度为 2，所以返回 2。

3. 代码实现

相关代码如下：

```
import java.util.*;
public class Main {
    public static void main(String[] args) {
        int[] nums = {1, 2, 2, 3, 1};
        System.out.println("输入");
        System.out.println(Arrays.toString(nums));
        System.out.println("输出");
        System.out.println(findShortestSubArray(nums));
    }
    public static int findShortestSubArray(int[] nums) {
        Map<Integer, List<Integer>> posMap = new HashMap<>();
        int maxDegree = 0;
        for (int i = 0; i < nums.length; i++) {
            int item = nums[i];
            List<Integer> posList = posMap.getOrDefault(item, new ArrayList<Integer>());
            posList.add(i);
            posMap.put(item, posList);
            maxDegree = Math.max(maxDegree, posList.size());
        }
        int shortestLength = Integer.MAX_VALUE;
        for (List<Integer> posList : posMap.values()) {
            if (posList.size() == maxDegree) {
                shortestLength = Math.min(posList.get(maxDegree - 1) - posList.get(0) +
1, shortestLength);
```

```
            }
        }
        return shortestLength;
    }
}
```

4. 运行结果

输入：[1, 2, 2, 3, 1]

输出：2

实例 184 找到词典中最长的单词

1. 问题描述

给出一系列字符串表示一个英语词典，找到词典中最长的单词，该单词可以通过词典中的其他单词增加一个字母构成。如果有多个可能的答案，则返回字典序最小的那个单词；如果没有答案，则返回空字符串。输入的所有字符串只包含小写字母，单词的长度在[1,1000]内，words[i]的长度在[1,30]内。

2. 问题示例

输入：words=[w,wo,wo,worl, world]

输出：world

注：①单词 wo 可通过 w 增加一个字母构成；②单词 wor 可通过 wo 增加一个字母构成；③单词 worl 可通过 wor 增加一个字母构成；④单词 world 可通过 worl 增加一个字母构成；⑤单词 world 是所有情况中的最长的一个，因此答案为 world。

3. 代码实现

相关代码如下：

```
import java.util.Arrays;
import java.util.HashMap;
import java.util.Stack;
public class Main {
    public static void main(String[] args) {
        String[] words = {"w", "wo", "wor", "worl", "world"};
        System.out.println("输入");
        System.out.println(Arrays.toString(words));
        System.out.println("输出");
        System.out.println(longestWord(words));
    }
    public static String longestWord(String[] words) {
        Trie trie = new Trie(words);
        int index = 0;
        for (String word : words) {
            trie.insert(word, ++index);
        }
        return trie.dfs();
```

```
    }
}
class Node {
    char c;
    HashMap<Character, Node> children = new HashMap();
    int end;
    public Node(char c) {
        this.c = c;
    }
}
class Trie {
    Node root;
    String[] words;
    public Trie(String[] words) {
        root = new Node('0');
        this.words = words;
    }
    public void insert(String word, int index) {
        Node cur = root;
        for (char c : word.toCharArray()) {
            cur.children.putIfAbsent(c, new Node(c));
            cur = cur.children.get(c);
        }
        cur.end = index;
    }
    public String dfs() {
        String ans = "";
        Stack<Node> stack = new Stack();
        stack.push(root);
        while (!stack.empty()) {
            Node node = stack.pop();
            if (node.end > 0 || node == root) {
                if (node != root) {
                    String word = words[node.end - 1];
                    if (word.length() > ans.length() ||
                            word.length() == ans.length() && word.compareTo(ans) < 0) {
                        ans = word;
                    }
                }
                for (Node nei : node.children.values()) {
                    stack.push(nei);
                }
            }
        }
        return ans;
    }
}
```

4. 运行结果

输入：[w，wo，wor，worl，world]

输出：world

实例 185　寻找数组的中心索引

1. 问题描述

给定一个整数数组 nums，请编写一个返回此数组中心索引的程序。如果数组中一个索引左边的数字之和等于其右边的数字之和，则称该索引为中心索引。如果中心索引不存在，则返回−1。如果有多个中心索引，则返回第一个中心索引。注：nums 的长度在[0，10000]内，nums[i]中每个元素都是[−1000，1000]内的整数。

2. 问题示例

输入：nums＝[1，7，3，6，5，6]

输出：3

注：索引 3(nums[3]＝6)的左侧所有数字之和等于右侧所有数字之和，且 3 是满足条件的第一个索引。

3. 代码实现

相关代码如下：

```
import java.util.Arrays;
public class Main {
    public static void main(String[] args) {
        int[] nums = {1, 7, 3, 6, 5, 6};
        System.out.println("输入");
        System.out.println(Arrays.toString(nums));
        System.out.println("输出");
        System.out.println(pivotIndex(nums));
    }
    public static int pivotIndex(int[] nums) {
        int sum = 0, left = 0;
        for (int i = 0; i < nums.length; i++) {
            sum += nums[i];
        }
        for (int i = 0; i < nums.length; i++) {
            if (i != 0) {
                left += nums[i - 1];
            }
            if (sum - left - nums[i] == left) {
                return i;
            }
        }
        return -1;
    }
}
```

4. 运行结果

输入：[1,7,3,6,5,6]

输出：3

实例 186　判断托普利兹矩阵

1. 问题描述

托普利兹矩阵是指从左上角到右下角的每条斜线上的每个元素都相等的矩阵。给定一个 $M \times N$ 的矩阵，判断其是否为托普利兹矩阵。注：matrix 是一个二维整数数组，行列范围是[1,20]，matrix[i][j]的整数取值范围是[0,99]。

2. 问题示例

输入：matrix=[[1,2,3,4],[5,1,2,3],[9,5,1,2]]

输出：true

注：1234　5123　9512

在上述矩阵中，从左上角到右下角的斜线上的元素分别为[9],[5,5],[1,1,1],[2,2,2],[3,3],[4]，每条斜线上的元素都相等，所以返回 true。

3. 代码实现

相关代码如下：

```
import java.util.Arrays;
public class Main {
    public static void main(String[] args) {
        int[][] matrix = {{1, 2, 3, 4}, {5, 1, 2, 3}, {9, 5, 1, 2}};
        int sr = 1, sc = 1, newColor = 2;
        System.out.println("输入");
        System.out.println(Arrays.deepToString(matrix));
        System.out.println("输出");
        System.out.println(isToeplitzMatrix(matrix));
    }
    public static boolean isToeplitzMatrix(int[][] matrix) {
        if (matrix == null) {
            return true;
        }
        if (matrix.length < 2 || matrix[0].length < 2) {
            return true;
        }
        int startRow = matrix.length - 1;
        int startCol = 0;
        while (startRow < matrix.length && startCol < matrix[0].length) {
            int element = matrix[startRow][startCol];
            for (int i = startRow, j = startCol; i < matrix.length && j < matrix[0].length;
i++, j++) {
                if (element != matrix[i][j]) {
                    return false;
                }
            }
            if (startRow == 0) {
                startCol++;
```

```
            } else {
                startRow -- ;
            }
        }
        return true;
    }
}
```

4. 运行结果

输入：[[1,2,3,4],[5,1,2,3],[9,5,1,2]]

输出：true

实例 187 写入字符串所需的行数

1. 问题描述

请将字符串 S 中的字符从左到右写入行。每行最大宽度为 100，如果写入一个字符导致该行宽度超过 100，则将该字符写入下一行。注：给定一个数组 widths，其中 widths[0]是字符 a 的宽度，widths[1]是字符 b 的宽度，…，widths[26]是字符 z 的宽度。请问，将 S 全部写完，至少需要多少行，最后一行用去的宽度是多少？将结果以长度为 2 的整数列表返回。S 的长度在[1,1000]内，S 仅由 26 个小写字母组成，widths 的长度为 26，widths[i]的范围为[2,10]。

2. 问题示例

输入：widths＝

[10,10,10,10,10,10,10,10,10,10,10,10,10,10,10,10,10,10,10,10,10,10,10,10,10,10]

S＝abcdefghijklmnopqrstuvwxyz

输出：[3, 60]

注：每个字符的宽度都是 10，为了写入 26 个字符，需要两个整行和一个用去 60 长度的行。

3. 代码实现

相关代码如下：

```
import java.util.Arrays;
public class Main {
    public static void main(String[] args) {
        int[] widths = {10, 10, 10, 10, 10, 10, 10, 10, 10, 10, 10, 10, 10, 10, 10, 10, 10,
10, 10, 10, 10, 10, 10, 10, 10, 10};
        String S = "abcdefghijklmnopqrstuvwxyz";
        System.out.println("输入");
        System.out.println(Arrays.toString(widths));
        System.out.println(S);
        System.out.println("输出");
```

```
        System.out.println(Arrays.toString(numberOfLines(widths, S)));
    }
    public static int[] numberOfLines(int[] widths, String S) {
        char[] array = S.toCharArray();
        int lines = 1;
        int lastLength = 0;
        int index = 0;
        for (char c : array) {
            index = c - 'a';
            lastLength += widths[index];
            if (lastLength > 100) {
                lines++;
                lastLength = widths[index];
            }
        }
        return new int[]{lines, lastLength};
    }
}
```

4. 运行结果

输入：

[10,10,10,10,10,10,10,10,10,10,10,10,10,10,10,10,10,10,10,10,10,10,10,10,10,10]

abcdefghijklmnopqrstuvwxyz

输出：[3,60]

实例 188 判断是否为字符

1. 问题描述

有两个特殊的字符，其中一位字符用 0 表示，二位字符用 10 或 11 表示。现在给出一个字符串，判断其最后一个字符是否为一位字符。注：①给出的字符串总是以 0 结尾；②1≤len(bits)≤1000；③bits[i]总是 0 或 1。

2. 问题示例

输入：bits=[1, 0, 0]

输出：true

3. 代码实现

相关代码如下：

```
import java.util.Arrays;
public class Main {
    public static void main(String[] args) {
        int[] bits = {1, 0, 0};
        System.out.println("输入");
        System.out.println(Arrays.toString(bits));
        System.out.println("输出");
```

```
        System.out.println(isOneBitCharacter(bits));
    }
    public static boolean isOneBitCharacter(int[] bits) {
        int i = 0;
        int last = 0;
        while (i < bits.length) {
            if (bits[i] == 0) {
                i++;
                last = 1;
                continue;
            }
            if (i + 1 < bits.length && bits[i] == 1) {
                i += 2;
                last = 2;
            } else {
                return false;
            }
        }
        if (last == 2) {
            return false;
        } else {
            return true;
        }
    }
}
```

4. 运行结果

输入：[1,0,0]

输出：true

实例 189　雷达探测

1. 问题描述

一个 2D 平面上有一组雷达，雷达坐标为(x,y)，能探测到的范围半径为 r。现在有一辆小车要从 $y=0$ 和 $y=1$ 的区间中通过，判断小车是否会被雷达探测到，若会被探测到，则输出 YES，否则输出 NO。可以认为小车是一条长度为 1 的线段，沿直线从 $x=0$ 处向右前进。注：雷达数量为 n，$n\leqslant 1000$，x 为非负整数，y 为整数，r 为正整数。

2. 问题示例

输入：point=[[0,2]]，radius=[1]

输出：NO

注：在坐标(0,2)处有个雷达，能探测到以(0,2)为圆心，半径为 1 的圆形区域，小车不会被探测到。

3. 代码实现

相关代码如下：

```
import java.util.Arrays;
public class Main {
    public static void main(String[] args) {
        Point point = new Point(0, 2);
        Point[] coordinates = {point};
        int[] radius = {1};
        System.out.println("输入");
        System.out.println("[[0,2]]");
        System.out.println(Arrays.toString(radius));
        System.out.println("输出");
        System.out.println(radarDetection(coordinates, radius));
    }
    public static String radarDetection(Point[] coordinates, int[] radius) {
        int flag = 0;
        for (int i = 0; i < coordinates.length; i++) {
            int l = coordinates[i].y - radius[i];
            int r = coordinates[i].y + radius[i];
            if (r > 0 && l < 0 || l < 1 && r > 1) {
                flag = 1;
                break;
            }
        }
        return flag == 0 ? "NO" : "YES";
    }
}
class Point {
    int x;
    int y;
    Point() {
        x = 0;
        y = 0;
    }
    Point(int a, int b) {
        x = a;
        y = b;
    }
}
```

4. 运行结果

输入：[[0,2]]　[1]

输出：NO

实例 190　提取符号和单词

1. 问题描述

给出一个字符串 str，请按顺序提取该字符串中的符号和单词。注：str 长度不超过 10000，字符串只包含小写字母、符号和空格。

2. 问题示例

输入：str=(hi (i am)bye)

输出：[(,hi,(,i,am,),bye,)]

注：将符号和单词分割。

3. 代码实现

相关代码如下：

```
import java.util.ArrayList;
import java.util.Arrays;
public class Main {
    public static void main(String[] args) {
        String str = "(hi (i am)bye)";
        System.out.println("输入");
        System.out.println(str);
        System.out.println("输出");
        System.out.println(Arrays.toString(dataSegmentation(str)));
    }
    public static String[] dataSegmentation(String str) {
        ArrayList<String> ans = new ArrayList<String>();
        StringBuilder tmp = new StringBuilder("");
        for (int i = 0; i < str.length(); i++) {
            if (str.charAt(i) == ' ') {
                if (tmp.length() != 0) {
                    ans.add(tmp.toString());
                }
                tmp = new StringBuilder("");
                continue;
            } else if (str.charAt(i) < 'a' || str.charAt(i) > 'z') {
                if (tmp.length() != 0) {
                    ans.add(tmp.toString());
                }
                tmp = new StringBuilder("");
                tmp.append(str.charAt(i));
                ans.add(tmp.toString());
                tmp = new StringBuilder("");
            } else {
                tmp.append(str.charAt(i));
            }
        }
        if (tmp.length() != 0) {
            ans.add(tmp.toString());
        }
        String[] res = ans.toArray(new String[ans.size()]);
        return res;
    }
}
```

4. 运行结果

输入：(hi (i am)bye)

输出：[(, hi, (, i, am,), bye,)]

实例 191　二叉搜索树中最接近的值

1. 问题描述

给定一棵非空二叉搜索树和一个 target(目标)值，找到在该二叉搜索树中最接近给定值的节点值。给定的目标值为浮点数，可以保证只有唯一一个最接近给定值的节点。

2. 问题示例

输入：root={5,4,9,2,#,8,10}，target=6.124780

输出：5

注：{5,4,9,2,#,8,10}表示的二叉搜索树结构如下。

```
   5
  / \
 4   9
/   / \
2   8  10
```

3. 代码实现

相关代码如下：

```
public class Main {
    public static void main(String[] args) {
        TreeNode treeNode1 = new TreeNode(5);
        TreeNode treeNode2 = new TreeNode(4);
        TreeNode treeNode3 = new TreeNode(9);
        TreeNode treeNode4 = new TreeNode(2);
        TreeNode treeNode5 = new TreeNode(8);
        TreeNode treeNode6 = new TreeNode(10);
        treeNode2.setLeft(treeNode4);
        treeNode3.setLeft(treeNode5);
        treeNode3.setRight(treeNode6);
        treeNode1.setLeft(treeNode2);
        treeNode1.setRight(treeNode3);
        double target = 6.124780;
        System.out.println("输入");
        System.out.println("{5,4,9,2,#,8,10}");
        System.out.println("target");
        System.out.println("输出");
        System.out.println(closestValue(treeNode1, target));
    }
    public static int closestValue(TreeNode root, double target) {
        if (root == null) {
            return 0;
        }
```

```
        TreeNode lowerNode = lowerBound(root, target);
        TreeNode upperNode = upperBound(root, target);
        if (lowerNode == null) {
            return upperNode.val;
        }
        if (upperNode == null) {
            return lowerNode.val;
        }
        if (target - lowerNode.val > upperNode.val - target) {
            return upperNode.val;
        }
        return lowerNode.val;
    }
    private static TreeNode lowerBound(TreeNode root, double target) {
        if (root == null) {
            return null;
        }
        if (target <= root.val) {
            return lowerBound(root.left, target);
        }
        TreeNode lowerNode = lowerBound(root.right, target);
        if (lowerNode != null) {
            return lowerNode;
        }
        return root;
    }
    private static TreeNode upperBound(TreeNode root, double target) {
        if (root == null) {
            return null;
        }
        if (root.val < target) {
            return upperBound(root.right, target);
        }
        TreeNode upperNode = upperBound(root.left, target);
        if (upperNode != null) {
            return upperNode;
        }
        return root;
    }
}
class TreeNode {
    int val;
    public void setLeft(TreeNode left) {
        this.left = left;
    }
    public void setRight(TreeNode right) {
        this.right = right;
    }
    TreeNode left;
    TreeNode right;
```

```
        TreeNode(int x) {
            val = x;
        }
    }
```

4. 运行结果

输入：{5,4,9,2,#,8,10}　6.124780

输出：5

实例 192　计算举重重量

1. 问题描述

A 同学第一次来健身房，她正在计算能举起的最大重量。A 同学所能举起的最大重量为 maxCapacity，健身房里有 n 个杠铃片，第 i 个杠铃片的重量为 weights[i]。A 同学现在需要选一些杠铃片加到杠铃杆上，使得杠铃的重量总和最大，但是不超过 maxCapacity，请计算 A 同学能选择的杠铃片的最大重量总和。例如，给定杠铃片的重量为 weights=[1,3,5]，而 A 同学能举起的最大重量为 maxCapacity=7，那么应该选择重量为 1 和 5 的杠铃片，1+5=6，所以最终的答案是 6。杠铃片数量 n 满足 $1 \leqslant n \leqslant 42$。

2. 问题示例

输入：weights=[1,3,5]，maxCapacity=7

输出：6

3. 代码实现

相关代码如下：

```
import java.util.Arrays;
public class Main {
    public static void main(String[] args) {
        int[] weights = {1, 3, 5};
        int maxCapacity = 7;
        System.out.println("输入");
        System.out.println(Arrays.toString(weights));
        System.out.println(maxCapacity);
        System.out.println("输出");
        System.out.println(weightCapacity(weights, maxCapacity));
    }
    public static int weightCapacity(int[] weights, int maxCapacity) {
        boolean[] dp = new boolean[maxCapacity + 1];
        dp[0] = true;
        for (int weight : weights) {
            for (int j = maxCapacity; j >= weight; j--) {
                dp[j] = dp[j] || dp[j - weight];
            }
        }
        for (int i = maxCapacity; i >= 0; i--) {
```

```
            if (dp[i]) {
                return i;
            }
        }
        return 0;
    }
}
```

4. 运行结果

输入：[1,3,5]　7

输出：6

实例 193　查找最大元素的子数组

1. 问题描述

给定一个整数数组，找到该数组的一个具有最大元素和的子数组，返回其最大元素和。注：每个子数组的数字在数组中的位置应该是连续的。

2. 问题示例

输入：nums=[−2,2,−3,4,−1,2,1,−5,3]

输出：6

3. 代码实现

相关代码如下：

```
import java.util.Arrays;
public class Main {
    public static void main(String[] args) {
        int[] nums = {-2, 2, -3, 4, -1, 2, 1, -5, 3};
        System.out.println("输入");
        System.out.println(Arrays.toString(nums));
        System.out.println("输出");
        System.out.println(maxSubArray(nums));
    }
    public static int maxSubArray(int[] nums) {
        if (nums == null || nums.length == 0) {
            return 0;
        }
        if (nums.length == 1) {
            return nums[0];
        }
        int[] prefix = new int[nums.length + 1];
        prefix[0] = 0;
        int sum = 0;
        for (int i = 0; i < nums.length; i++) {
            sum += nums[i];
            prefix[i + 1] = sum;
```

```
        }
        int preMin = 0;
        int max = Integer.MIN_VALUE;
        for (int i = 1; i < prefix.length; i++) {
            max = Math.max(prefix[i] - preMin, max);
            preMin = Math.min(prefix[i], preMin);
        }
        return max;
    }
}
```

4. 运行结果

输入：[−2,2,−3,4,−1,2,1,−5,3]

输出：6

实例 194　订单分配

1. 问题描述

假定有多个打车订单，待分配给 N 个司机。每次为订单匹配司机前，会对候选司机进行打分，打分的结果保存在 $N\times N$ 的矩阵 score 中，其中 score[i][j]代表订单 i 派给司机 j 的分值。每个订单只能派给一位司机，每位司机只能分配到一个订单，要求匹配的订单和司机的分值累加起来最大，并保证所有订单均得到分配，求最终的派单结果。

2. 问题示例

输入：score=[[1,2,4],[7,11,16],[37,29,22]]

输出：[1,2,0]

注：标号为 0 的订单派给标号为 1 的司机，获得 score[0][1]=2 分；标号为 1 的订单派给标号为 2 的司机，获得 score[1][2]=16 分；标号为 2 的订单派给标号为 0 的司机，获得 score[2][0]=37 分，共获得 2+16+37=55 分。

3. 代码实现

相关代码如下：

```
import java.util.Arrays;
public class Main {
    public static void main(String[] args) {
        int[][] score = {{1, 2, 4}, {7, 11, 16}, {37, 29, 22}};
        System.out.println("输入");
        System.out.println(Arrays.deepToString(score));
        System.out.println("输出");
        System.out.println(Arrays.toString(orderAllocation(score)));
    }
    public static int[] orderAllocation(int[][] score) {
        if (score.length == 0) {
            return new int[0];
        }
```

```
        int[] maxIndex = new int[score.length];
        maxIndex[0] = -1;
        boolean[] visited = new boolean[score.length];
        dfs(score, visited, 0, new int[score.length], maxIndex);
        return maxIndex;
    }
    public static void dfs(int[][] score, boolean[] visited, int index, int[] curr, int[]
maxIndex) {
        if (index >= score.length) {
            int currSum = getSum(score, curr);
            int maxSum = getSum(score, maxIndex);
            if (currSum >= maxSum) {
                System.arraycopy(curr, 0, maxIndex, 0, curr.length);
            }
            return;
        }
        for (int i = 0; i < score[index].length; i++) {
            if (!visited[i]) {
                visited[i] = true;
                curr[index] = i;
                dfs(score, visited, index + 1, curr, maxIndex);
                visited[i] = false;
                curr[index] = 0;
            }
        }
    }
    public static int getSum(int[][] score, int[] arr) {
        int sum = 0;
        if (arr[0] == -1) {
            return sum;
        }
        for (int i = 0; i < score.length; i++) {
            sum += score[i][arr[i]];
        }
        return sum;
    }
}
```

4. 运行结果

输入：[[1,2,4],[7,11,16],[37,29,22]]

输出：[1,2,0]

实例 195　形成字典序最小字符串

1. 问题描述

给定一个仅包含模式 I 和模式 D 的模式字符串 str。其中模式 I 代表相邻项数值增加，模式 D 代表相邻项数值减少。请设计一种算法，返回符合该模式且字典序最小的字符串。

字符串只包含 1～9 的不重复的数字。注：1≤|str|≤8。

2. 问题示例

输入：str＝D

输出：21

3. 代码实现

相关代码如下：

```
public class Main {
    public static void main(String[] args) {
        String str = "D";
        System.out.println("输入");
        System.out.println(str);
        System.out.println("输出");
        System.out.println(formMinimumNumber(str));
    }
    public static String formMinimumNumber(String str) {
        int length = str.length();
        int[] array = new int[length + 1];
        if (str.charAt(0) == 'D') {
            array[0] = 2;
            array[1] = 1;
        } else {
            array[0] = 1;
            array[1] = 2;
        }
        for (int i = 1; i < length; i++) {
            calcalate(array, i + 1, str.charAt(i) == 'D');
        }
        StringBuffer sbf = new StringBuffer();
        for (int i : array) {
            sbf.append(i);
        }
        return sbf.toString();
    }
    public static void calcalate(int[] array, int i, boolean flag) {
        int tmp = array[i - 1];
        if (flag) {
            if (jude(array, tmp - 1)) {
                array[i - 1] = tmp + 1;
                array[i] = tmp;
                if (i > 1 && array[i - 2] >= array[i - 1]) {
                    calcalate(array, i - 1, true);
                }
            }
        } else {
            while (jude(array, tmp)) {
                tmp++;
            }
```

```
                array[i] = tmp;
            }
        }
    public static boolean jude(int[] array, int i) {
        for (int x : array) {
            if (x == i) {
                return true;
            }
        }
        return false;
    }
}
```

4. 运行结果

输入：D

输出：21

实例 196 矩阵中的最短路径

1. 问题描述

给定一个 m 行 n 列的矩阵，矩阵中的 0 表示空地，−1 表示障碍，1 表示目标点（多个）。对于每个空地，标记出应该从该处向哪个方向出发才能以最短路径到达目标点，向上出发标记为 2，向下出发标记为 3，向左出发标记为 4，向右出发标记为 5。方向的优先级从大到小依次为上、下、左、右，如果从一个点向上或向下出发都能以最短路径到达目标点，则向上出发。注：$0<m,n<1000$。

2. 问题示例

输入：grid=[[1,0,1],[0,0,0],[1,0,0]]

输出：[[1,4,1],[2,2,2],[1,4,2]]

3. 代码实现

相关代码如下：

```
import java.util.Arrays;
import java.util.LinkedList;
public class Main {
    public static void main(String[] args) {
        int[][] grid = {{1, 0, 1}, {0, 0, 0}, {1, 0, 0}};
        System.out.println("输入");
        System.out.println(Arrays.deepToString(grid));
        System.out.println("输出");
        System.out.println(Arrays.deepToString(shortestPath(grid)));
    }
    public static int[][] shortestPath(int[][] grid) {
        int[][] dist = new int[grid.length][grid[0].length];
        LinkedList<int[]> q = new LinkedList<>();
```

```
        int[] x = new int[]{1, -1, 0, 0};
        int[] y = new int[]{0, 0, 1, -1};
        int[] d = new int[]{2, 3, 4, 5};
        int r, c, dir;
        for (int i = 0; i < grid.length; i++) {
            for (int j = 0; j < grid[i].length; j++) {
                if (grid[i][j] == 1) {
                    q.add(new int[]{i, j});
                    dist[i][j] = 0;
                }
            }
        }
        while (!q.isEmpty()) {
            int[] current = q.removeFirst();
            for (int k = 0; k < x.length; k++) {
                r = current[0] + x[k];
                c = current[1] + y[k];
                dir = d[k];
                if (!(r >= 0 && c >= 0 && r < grid.length && c < grid[r].length && grid[r]
[c] != -1))
                    continue;
                if (grid[r][c] == 0) {
                    grid[r][c] = dir;
                    dist[r][c] = dist[current[0]][current[1]] + 1;
                    q.add(new int[]{r, c});
                } else if (dist[r][c] == dist[current[0]][current[1]] + 1) {
                    grid[r][c] = Math.min(grid[r][c], dir);
                }
            }
        }
        return grid;
    }
    int bfs(int[][] grid, int i, int j) {
        boolean[][] visited = new boolean[grid.length][grid[0].length];
        LinkedList<int[]> q = new LinkedList<>();
        int[] x = new int[]{-1, 1, 0, 0};
        int[] y = new int[]{0, 0, -1, 1};
        int[] d = new int[]{2, 3, 4, 5};
        int r, c;
        for (int k = 0; k < x.length; k++) {
            r = i + x[k];
            c = j + y[k];
            if (r >= 0 && c >= 0 && r < grid.length && c < grid[r].length &&
                    grid[r][c] != -1)
                q.add(new int[]{r, c, d[k]});
        }
        while (!q.isEmpty()) {
            int[] current = q.removeFirst();
            if (grid[current[0]][current[1]] == 1)
                return current[2];
```

```
                visited[current[0]][current[1]] = true;
                for (int k = 0; k < x.length; k++) {
                    r = current[0] + x[k];
                    c = current[1] + y[k];
                    if (r >= 0 && c >= 0 && r < grid.length && c < grid[r].length &&
                            grid[r][c] != -1 && !visited[r][c])
                        q.add(new int[]{r, c, current[2]});
                }
            }
            return -1;
        }
    }
```

4. 运行结果

输入：[[1,0,1],[0,0,0],[1,0,0]]

输出：[[1,4,1],[2,2,2],[1,4,2]]

实例 197　查找子数组和为 *k* 的个数

1. 问题描述

给定一个整数数组和一个整数 k，请找到元素和为 k 连续子数组的个数。

2. 问题示例

输入：nums=[1,1,1]，k=2

输出：2

注：子数组 [0,1]和[1,2]的元素和均为 2。

3. 代码实现

相关代码如下：

```
import java.util.Arrays;
import java.util.HashMap;
import java.util.Map;
public class Main {
    public static void main(String[] args) {
        int[] nums = {1, 1, 1};
        int k = 2;
        System.out.println("输入");
        System.out.println(Arrays.toString(nums));
        System.out.println(k);
        System.out.println("输出");
        System.out.println(subarraySumEqualsK(nums, k));
    }
    public static int subarraySumEqualsK(int[] nums, int k) {
        int[] sum = new int[nums.length + 1];
        sum[0] = 0;
        for (int i = 1; i < nums.length + 1; i++) {
```

```
                sum[i] = sum[i - 1] + nums[i - 1];
            }
            int count = 0;
            Map< Integer, Integer > map = new HashMap<>();
            for (int i = 0; i < sum.length; i++) {
                if (map.containsKey(sum[i] - k)) {
                    count += map.get(sum[i] - k);
                }
                if (map.containsKey(sum[i])) {
                    map.put(sum[i], map.get(sum[i]) + 1);
                } else {
                    map.put(sum[i], 1);
                }
            }
            return count;
        }
    }
```

4. 运行结果

输入：[1,1,1]　2

输出：2

实例 198　计算汉明距离

1. 问题描述

两个整数的汉明距离是这两个整数的二进制表示对应比特位不同的个数。给定两个整数 x 和 y，计算二者的汉明距离。$x \geqslant 0, y < 231$。

2. 问题示例

输入：$x=1, y=4$

输出：2

注：1 的二进制表示是 001，4 的二进制表示是 100，共有 2 位不同。

3. 代码实现

相关代码如下：

```
public class Main {
    public static void main(String[ ] args) {
        int x = 1, y = 4;
        System.out.println("输入");
        System.out.println(x);
        System.out.println(y);
        System.out.println("输出");
        System.out.println(hammingDistance(x, y));
    }
    public static int hammingDistance(int x, int y) {
        int Distance = 0;
```

```
        while (x != 0 || y != 0) {
            if (x % 2 != y % 2) {
                Distance++;
            }
            x /= 2;
            y /= 2;
        }
        return Distance;
    }
}
```

4. 运行结果

输入：1 4

输出：2

实例 199 字符串排序

1. 问题描述

给出一个由字母组成的字符串，以字母在字符串中出现的次数为第一关键字，字典序为第二关键字排序字符串。注：字符串长度小于 10000，其中所有字母均为小写。

2. 问题示例

输入：str＝bloomberg

输出：bbooeglmr

注：字母 b 和 o 在字符串 str 中出现次数最多，但是字母 b 字典序较小，故排在第一位，其次是 o，以此类推。

3. 代码实现

相关代码如下：

```
import java.util.Arrays;
import java.util.Comparator;
public class Main {
    public static void main(String[] args) {
        String str = "bloomberg";
        System.out.println("输入");
        System.out.println(str);
        System.out.println("输出");
        System.out.println(stringSort(str));
    }
    static int[] count = new int[26];
    public static String stringSort(String str) {
        for (int i = 0; i < 26; i++) {
            count[i] = 0;
        }
        for (int i = 0; i < str.length(); i++) {
            count[(int) str.charAt(i) - (int) ('a')]++;
```

```
        }
        Pair[] pair = new Pair[str.length()];
        for (int i = 0; i < str.length(); i++) {
            pair[i] = new Pair();
            pair[i].cnt = count[(int) str.charAt(i) - (int) ('a')];
            pair[i].order = (int) str.charAt(i);
        }
        Arrays.sort(pair, 0, pair.length, new Cmp());
        char[] chr = new char[pair.length];
        for (int i = 0; i < pair.length; i++) {
            chr[i] = (char) pair[i].order;
        }
        return String.valueOf(chr);
    }
}
class Pair {
    int cnt, order;
}
class Cmp implements Comparator<Pair> {
    public int compare(Pair a, Pair b) {
        if (a.cnt != b.cnt) {
            return a.cnt > b.cnt ? -1 : 1;
        }
        if (a.order != b.order) {
            return a.order < b.order ? -1 : 1;
        }
        return 0;
    }
}
```

4. 运行结果

输入：bloomberg

输出：bbooeglmr

实例 200　字符串模式

1. 问题描述

给定一个模式字符串 pattern 和一个字符串 str，请问 str 和 pattern 是否遵循相同的模式。

遵循相同模式是指模式字符串 pattern 和字符串 str 中字符的变化规律相同。可以认为模式字符串 pattern 只包含小写字母，而字符 str 包含由单个空格分隔的小写字母组成的单词。

2. 问题示例

输入：pattern＝abba，str＝dog cat cat dog

输出：true

注：str 的模式是 abba。

3. 代码实现

相关代码如下：

```
import java.util.HashMap;
import java.util.Map;
public class Main {
    public static void main(String[] args) {
        String pattern = "abba", str = "dog cat cat dog";
        System.out.println("输入");
        System.out.println(pattern);
        System.out.println(str);
        System.out.println("输出");
        System.out.println(wordPattern(pattern, str));
    }
    public static boolean wordPattern(String pattern, String str) {
        Map<String, Integer> mp1 = new HashMap<String, Integer>();
        Map<String, Integer> mp2 = new HashMap<String, Integer>();
        String tmp = "";
        int cnt = 0, now = 0;
        str += ' ';
        for (int i = 0; i < str.length(); ++i) {
            if (str.charAt(i) == ' ') {
                if (mp1.get(String.valueOf(pattern.charAt(cnt))) == null && mp2.get(tmp) ==
null) {
                    mp1.put(String.valueOf(pattern.charAt(cnt)), now);
                    mp2.put(tmp, now++);
                } else if (mp1.get(String.valueOf(pattern.charAt(cnt))) != null && mp2.get
(tmp) != null) {
                    if (mp1.get(String.valueOf(pattern.charAt(cnt))) != mp2.get(tmp)) {
                        return false;
                    }
                } else {
                    return false;
                }
                tmp = "";
                cnt++;
            } else {
                tmp += str.charAt(i);
            }
        }
        return true;
    }
}
```

4. 运行结果

输入：abba dog cat cat dog

输出：true

第三篇 高级编程

本篇针对实际问题进行编程实践，通过深度优先搜索算法解决数据查找问题，通过哈希表解决数据的映射问题，通过链表与指针实现数据的快速处理，并介绍字符串处理方法、各类二叉树算法和多种排序算法的实际应用。

实例 201　以相反的顺序存储值

1. 问题描述

给出一个链表，将链表的值以相反的顺序存储到数组中，且不能改变原始链表的结构。链表 ListNode 有两个成员变量：ListNode.val 和 ListNode.next。

2. 问题示例

输入：list=1→2→3→null

输出：[3,2,1]

3. 代码实现

相关代码如下：

```
import java.util.ArrayList;
import java.util.List;
import java.util.Collections;
public class Main {
    public static void main(String[] args) {
        ListNode listNode1 = new ListNode(1);
        ListNode listNode2 = new ListNode(2);
        ListNode listNode3 = new ListNode(3);
        listNode1.next = listNode2;
        listNode2.next = listNode3;
        System.out.println("输入");
        listNodeOut(listNode1);
        System.out.println("输出");
        System.out.println(reverseStore(listNode1));
    }
    public static List<Integer> reverseStore(ListNode head) {
        List<Integer> list = new ArrayList<>();
        if (head == null) {
            return list;
        }
        list.add(head.val);
        while (head.next != null) {
            head = head.next;
            list.add(head.val);
        }
        Collections.reverse(list);
        return list;
    }
    public static void listNodeOut(ListNode head) {
        if (head == null) {
            System.out.println("null");
            return;
        }
        System.out.print(head.val);
```

```
            System.out.print("->");
            while (head.next != null) {
                head = head.next;
                System.out.print(head.val);
                System.out.print("->");
            }
            System.out.println("null");
        }
    }
    class ListNode {
        int val;
        ListNode next;
        ListNode(int x) {
            val = x;
            next = null;
        }
    }
```

4. 运行结果

输入：1→2→3→null

输出：[3,2,1]

实例 202　找到映射序列

1. 问题描述

给出 A 和 B 两个列表，从 A 映射到 B，B 由 A 的一种回文构词法构成，即通过随机化 A 中元素的顺序实现 B。请找到一个指数映射 P，从 A 映射到 B，映射 $P[i]=j$ 表示 A 出现在 B 中的第 i 个元素。列表 A 和 B 可能包含重复。如果有多个答案，则输出其中任意一个。注：A 和 B 的数组长度相等，范围为[1,100]。$A[i]$，$B[i]$是整数，范围为$[0,10^5]$。

2. 问题示例

输入：$A=[12, 28, 46, 32, 50]$，$B=[50, 12, 32, 46, 28]$

输出：[1, 4, 3, 2, 0]

注：$P[0]=1$，A 的第 0 个元素出现在 $B[1]$；$P[1]=4$，A 的第一个元素出现在 $B[4]$，以此类推。

3. 代码实现

相关代码如下：

```
import java.util.Arrays;
import java.util.HashMap;
import java.util.LinkedList;
import java.util.List;
import java.util.Map;
public class Main {
    public static void main(String[] args) {
```

```
        int[] A = {12, 28, 46, 32, 50}, B = {50, 12, 32, 46, 28};
        System.out.println("输入");
        System.out.println(Arrays.toString(A));
        System.out.println(Arrays.toString(B));
        System.out.println("输出");
        System.out.println(Arrays.toString(anagramMappings(A, B)));
    }
    public static int[] anagramMappings(int[] A, int[] B) {
        Map<Integer, List<Integer>> map = new HashMap<Integer, List<Integer>>();
        for (int i = 0; i < B.length; i++) {
            if (!map.containsKey(B[i])) {
                map.put(B[i], new LinkedList<Integer>());
            }
            map.get(B[i]).add(i);
        }
        int[] res = new int[A.length];
        for (int i = 0; i < A.length; i++) {
            List<Integer> list = map.get(A[i]);
            int index = list.get(list.size() - 1);
            res[i] = index;
            list.remove(list.size() - 1);
        }
        return res;
    }
}
```

4. 运行结果

输入：[12，28，46，32，50]　[50，12，32，46，28]

输出：[1,4,3,2,0]

实例 203　回文数

1. 问题描述

判断一个非负整数 n 的二进制表示是否为回文数。

2. 问题示例

输入：$n=0$

输出：true

注：0 的二进制表示为 0，是回文数。

3. 代码实现

相关代码如下：

```
public class Main {
    public static void main(String[] args) {
        int n = 0;
        System.out.println("输入");
```

```
        System.out.println(n);
        System.out.println("输出");
        System.out.println(isPalindrome(n));
    }
    public static boolean isPalindrome(int n) {
        int[] bin = new int[32];
        int len = 0;
        do {
            bin[len++] = n & 1;
            n >>= 1;
        } while (n > 0);
        for (int i = 0; i < len / 2; i++) {
            if (bin[i] != bin[len - i - 1]) {
                return false;
            }
        }
        return true;
    }
}
```

4. 运行结果

输入：0

输出：true

实例 204 两数乘积

1. 问题描述

给定两个链表形式表示的数字，请写一个函数得到这两个数字的乘积。

2. 问题示例

输入：list=9→4→6→null,8→4→null

输出：79464

注：946×84=79464

3. 代码实现

相关代码如下：

```
public class Main {
    public static void main(String[] args) {
        ListNode listNode1 = new ListNode(9);
        ListNode listNode2 = new ListNode(4);
        ListNode listNode3 = new ListNode(6);
        listNode1.next = listNode2;
        listNode2.next = listNode3;
        ListNode listNode4 = new ListNode(8);
        ListNode listNode5 = new ListNode(4);
        listNode4.next = listNode5;
```

```
        System.out.println("输入");
        listNodeOut(listNode1);
        listNodeOut(listNode4);
        System.out.println("输出");
        System.out.println(multiplyLists(listNode1, listNode4));
    }
    public static long multiplyLists(ListNode l1, ListNode l2) {
        ListNode p = new ListNode(0);
        p = l1;
        long num1 = 0;
        while (p != null) {
            num1 * = 10;
            num1 += p.val;
            p = p.next;
        }
        p = l2;
        long num2 = 0;
        while (p != null) {
            num2 * = 10;
            num2 += p.val;
            p = p.next;
        }
        return num1 * num2;
    }
    public static void listNodeOut(ListNode head) {
        if (head == null) {
            System.out.println("null");
            return;
        }
        System.out.print(head.val);
        System.out.print(" - >");
        while (head.next != null) {
            head = head.next;
            System.out.print(head.val);
            System.out.print(" - >");
        }
        System.out.println("null");
    }
}
class ListNode {
    int val;
    ListNode next;
    ListNode(int x) {
        val = x;
        next = null;
    }
}
```

4. 运行结果

输入：9→4→6→null　8→4→null

输出：79464

实例 205 求最短子数组长度

1. 问题描述

给定一个整数数组 arr,求出该数组中由无序整数构成的最短子数组的长度。如果一组整数既不递减也不递增,则称其为无序整数。注：首先检查一组整数是否递增或递减,如是则返回 0；如果不是,则最短无序数组就是 3,返回 3。

2. 问题示例

输入：arr=[1,2,3,4,5,6]

输出：0

3. 代码实现

相关代码如下：

```
import java.util.Arrays;
public class Main {
    public static void main(String[] args) {
        int[] arr = {1, 2, 3, 4, 5, 6};
        System.out.println("输入");
        System.out.println(Arrays.toString(arr));
        System.out.println("输出");
        System.out.println(shortestUnorderedArray(arr));
    }
    public static int shortestUnorderedArray(int[] arr) {
        int pre = -1;
        if (arr.length == 1) {
            return 0;
        }
        int ans = 1;
        int pos = 0;
        for (int i = 1; i < arr.length; i++) {
            if (arr[i] != arr[i - 1]) {
                if (arr[i] < arr[i - 1]) {
                    ans = -1;
                    pos = i;
                    break;
                }
            }
        }
        for (int i = pos + 1; i < arr.length; i++) {
            if (ans == -1) {
                if (arr[i] > arr[i - 1]) {
                    return 3;
                }
            } else {
                if (arr[i] < arr[i - 1]) {
                    return 3;
```

```
                }
            }
        }
        return 0;
    }
}
```

4. 运行结果

输入：[1,2,3,4,5,6]

输出：0

实例 206　统计循环单词

1. 问题描述

如果单词 B 通过单词 A 的字母循环右移获得，则 A、B 称为一种循环单词。给出一个单词集合，统计其中有多少种不同的循环单词。例如：picture 和 turepic 属于同一种循环单词。

2. 问题示例

输入：words=[picture, turepic, icturep, word, ordw, lint]

输出：3

注：picture,turepic,icturep 是同一种循环单词，word,ordw 也是，lint 与前者不是同一种循环单词。

3. 代码实现

相关代码如下：

```
import java.util.Arrays;
import java.util.List;
import java.util.HashSet;
import java.util.Set;
public class Main {
    public static void main(String[] args) {
        List<String> words = Arrays.asList(new String[]{"picture", "turepic", "icturep",
"word", "ordw", "lint"});
        System.out.println("输入");
        System.out.println(words);
        System.out.println("输出");
        System.out.println(countRotateWords(words));
    }
    public static int countRotateWords(List<String> words) {
        Set<String> dict = new HashSet<String>();
        for (String w : words) {
            String s = w + w;
            for (int i = 0; i < w.length(); i++) {
                dict.remove(s.substring(i, i + w.length()));
```

```
            }
            dict.add(w);
        }
        return dict.size();
    }
}
```

4. 运行结果

输入：[picture,turepic,icturep,word,ordw,lint]

输出：3

实例 207 猜数字

1. 问题描述

给定一个 1～n 的数字，试猜这个数字。每次猜错，系统会告知给定数字与猜测的数字相比是较大还是较小。调用一个预定义的接口 guess(int num)，它会返回 3 个可能的结果(－1、1 或 0)，其中－1 代表给定数字小于猜测的数字，1 代表给定数字大于猜测的数字，0 代表给定数字等于猜测的数字。

2. 问题示例

输入：$n=10, m=4$

输出：4

3. 代码实现

相关代码如下：

```
public class Main {
    public static void main(String[] args) {
        int n = 10, m = 4;
        GuessGame.result = m;
        System.out.println("输入");
        System.out.println(n);
        System.out.println(m);
        System.out.println("输出");
        System.out.println(guessNumber(n));
    }
    public static int guessNumber(int n) {
        int l = 1, r = n;
        while (l <= r) {
            int mid = l + (r - l) / 2;
            int res = GuessGame.guess(mid);
            if (res == 0) {
                return mid;
            }
            if (res == -1) {
                r = mid - 1;
            } else {
```

```
                l = mid + 1;
            }
        }
        return -1;
    }
    static class GuessGame {
        static int result;
        public static int guess(int num) {
            if (num > result) return -1;
            else if (num < result) return 1;
            else return 0;
        }
    }
}
```

4. 运行结果

输入：10　4

输出：4

实例 208　字符串之和

1. 问题描述

以字符串的形式给出两个非负整数 num1 和 num2，返回 num1 与 num2 之和。num1 和 num2 的长度均小于 5100，且只包含数字 0～9，不包含任何前导 0。注：不能使用任何内置的 BigInteger 库内的方法或直接将字符串转换为整数。

2. 问题示例

输入：num1＝123，num2＝45

输出：168

3. 代码实现

相关代码如下：

```
public class Main {
    public static void main(String[] args) {
        String num1 = "123", num2 = "45";
        System.out.println("输入");
        System.out.println(num1);
        System.out.println(num2);
        System.out.println("输出");
        System.out.println(addStrings(num1, num2));
    }
    public static String addStrings(String num1, String num2) {
        String res = "";
        int m = num1.length(), n = num2.length(), i = m - 1, j = n - 1, flag = 0;
        while (i >= 0 || j >= 0) {
            int a, b;
```

```
            if (i >= 0) {
                a = num1.charAt(i--) - '0';
            } else {
                a = 0;
            }
            if (j >= 0) {
                b = num2.charAt(j--) - '0';
            } else {
                b = 0;
            }
            int sum = a + b + flag;
            res = (char) (sum % 10 + '0') + res;
            flag = sum / 10;
        }
        return flag == 1 ? "1" + res : res;
    }
}
```

4. 运行结果

输入：num1＝123　num2＝45

输出：168

实例 209　寻找不重复的字符

1. 问题描述

给出一个字符串 s，找到字符串中第一个不重复的字符，然后返回它的下标。如果不存在这样的字符，则返回－1。

2. 问题示例

输入：s＝lintcode

输出：0

3. 代码实现

相关代码如下：

```
import java.util.HashMap;
public class Main {
    public static void main(String[] args) {
        String s = "lintcode";
        System.out.println("输入");
        System.out.println(s);
        System.out.println("输出");
        System.out.println(firstUniqChar(s));
    }
    public static int firstUniqChar(String s) {
        HashMap<Character, Integer> cMap = new HashMap<Character, Integer>();
        for (int i = 0; i < s.length(); i++) {
```

```
            if (cMap.containsKey(s.charAt(i))) {
                cMap.put(s.charAt(i), cMap.get(s.charAt(i)) + 1);
            } else {
                cMap.put(s.charAt(i), 1);
            }
        }
        for (int i = 0; i < s.length(); i++) {
            if (cMap.get(s.charAt(i)) == 1) {
                return i;
            }
        }
        return -1;
    }
}
```

4. 运行结果

输入：lintcode

输出：0

实例 210　镜像数字

1. 问题描述

镜像数字是指一个数字旋转 180°以后和原来一样。例如，数字 69，88 和 818 都是镜像数字。请写一个函数判断给定的数字是否为镜像数字，数字用字符串 num 表示。

2. 问题示例

输入：num=69

输出：true

3. 代码实现

相关代码如下：

```
import java.util.HashMap;
import java.util.Map;
public class Main {
    public static void main(String[] args) {
        String num = "69";
        System.out.println("输入");
        System.out.println(num);
        System.out.println("输出");
        System.out.println(isStrobogrammatic(num));
    }
    public static boolean isStrobogrammatic(String num) {
        Map<Character, Character> map = new HashMap<Character, Character>();
        map.put('6', '9');
        map.put('9', '6');
        map.put('0', '0');
```

```
            map.put('1', '1');
            map.put('8', '8');
            int i = 0;
            int j = num.length() - 1;
            while (i <= j) {
                if (!map.containsKey(num.charAt(i)) || map.get(num.charAt(i)) != num.charAt(j)) {
                    return false;
                }
                i++;
                j--;
            }
            return true;
        }
    }
```

4. 运行结果

输入：69

输出：true

实例 211　检查字符串缩写是否匹配

1. 问题描述

给定一个非空字符串 *s* 和缩写 abbr，返回字符串是否可以和给定的缩写匹配。例如一个字符串 word 仅包含以下有效缩写：[word，1ord，w1rd，wo1d，wor1，2rd]，其中 1 代表省略 1 个字符，2 代表省略 2 个字符，以此类推。注：只有以上缩写是字符串 word 的合法缩写，任何其他关于 word 的缩写都是不合法的。

2. 问题示例

输入：*s*＝internationalization，abbr＝i12iz4n

输出：true

3. 代码实现

相关代码如下：

```
public class Main {
    public static void main(String[] args) {
        String s = "internationalization", abbr = "i12iz4n";
        System.out.println("输入");
        System.out.println(s);
        System.out.println(abbr);
        System.out.println("输出");
        System.out.println(validWordAbbreviation(s, abbr));
    }
    public static boolean validWordAbbreviation(String word, String abbr) {
        if (abbr == null || abbr.length() == 0 || abbr.length() > word.length()) {
            return false;
        }
```

```
        int i = 0, j = 0;
        while (i < word.length() && j < abbr.length()) {
            if (Character.isDigit(abbr.charAt(j))) {
                StringBuilder sb = new StringBuilder();
                while (j < abbr.length() && Character.isDigit(abbr.charAt(j))) {
                    sb.append(abbr.charAt(j));
                    j++;
                }
                int num = Integer.valueOf(sb.toString());
                if (i + num > word.length()) {
                    return false;
                } else {
                    i = i + num;
                }
            } else {
                if (word.charAt(i) != abbr.charAt(j)) {
                    return false;
                } else {
                    i++;
                    j++;
                }
            }
        }
        if (i == word.length() && j == abbr.length()) {
            return true;
        }
        return false;
    }
}
```

4. 运行结果

输入：internationalization　i12iz4n

输出：true

实例 212　判断字符串是否同构

1. 问题描述

给定两个字符串 s 和 t，判断它们是否是同构的。如果通过替换字符串 s 中的字符可以得到 t，则 s 和 t 是同构字符串，保留字符顺序。注：①没有两个字符为一对一映射，且可以映射到其自身；②映射过程中保留原字符串的字符顺序，且字符串 s 和 t 的长度一样。

2. 问题示例

输入：s=egg，t=add

输出：true

注：将字符串 s 中的字符 e 替换成字符 a，字符 g 替换成字符 d，可得到字符串 t。

3. 代码实现

相关代码如下：

```
import java.util.HashMap;
public class Main {
    public static void main(String[] args) {
        String s = "egg", t = "add";
        System.out.println("输入");
        System.out.println(s);
        System.out.println(t);
        System.out.println("输出");
        System.out.println(isIsomorphic(s, t));
    }
    public static boolean isIsomorphic(String s, String t) {
        if (s.length() != t.length()) {
            return false;
        }
        char[] s1 = s.toCharArray();
        char[] t1 = t.toCharArray();
        HashMap<Character, Character> hash = new HashMap<>();
        HashMap<Character, Character> hash1 = new HashMap<>();
        for (int i = 0; i < s.length(); i++) {
            if (hash.containsKey(s1[i])) {
                if (hash.get(s1[i]) != t1[i]) {
                    return false;
                }
            } else {
                hash.put(s1[i], t1[i]);
            }
        }
        for (int i = 0; i < s.length(); i++) {
            if (hash1.containsKey(t1[i])) {
                if (hash1.get(t1[i]) != s1[i]) {
                    return false;
                }
            } else {
                hash1.put(t1[i], s1[i]);
            }
        }
        return true;
    }
}
```

4. 运行结果

输入：egg　add

输出：true

实例 213 判断矩形是否重叠

1. 问题描述

给定两个矩形，判断二者是否有重叠。注：l1 代表第一个矩形的左上角，r1 代表第一个矩形的右下角，l2 代表第二个矩形的左上角，r2 代表第二个矩形的右下角，保证 l1！=r1，且 l2！=r2。

2. 问题示例

输入：l1=[0，8]，r1=[8，0]，l2=[6，6]，r2=[10，0]

输出：true

3. 代码实现

相关代码如下：

```
public class Main {
    public static void main(String[] args) {
        Point l1 = new Point(0, 8);
        Point r1 = new Point(8, 0);
        Point l2 = new Point(6, 6);
        Point r2 = new Point(10, 0);
        System.out.println("输入");
        System.out.println("[0,8]");
        System.out.println("[8,0]");
        System.out.println("[6,6]");
        System.out.println("[10,0]");
        System.out.println("输出");
        System.out.println(doOverlap(l1, r1, l2, r2));
    }
    public static boolean doOverlap(Point l1, Point r1, Point l2, Point r2) {
        if (l1.x > r2.x || l2.x > r1.x)
            return false;
        if (l1.y < r2.y || l2.y < r1.y)
            return false;
        return true;
    }
}
class Point {
    public int x, y;
    public Point() {
        x = 0;
        y = 0;
    }
    public Point(int a, int b) {
        x = a;
        y = b;
    }
}
```

4. 运行结果

输入：[0,8] [8,0] [6,6] [10,0]

输出：true

实例 214 寻找最小子树

1. 问题描述

给定一棵二叉树，找到其节点值的和是最小的子树，返回其根节点。输入/输出数据范围都在 int 内。LintCode 会打印根节点为返回节点的子树。注：需要保证只有一棵节点值的和是最小的子树，且给出的二叉树不是一棵空树。

2. 问题示例

输入：tree={1,−5,2,1,2,−4,−5}

输出：{1,−5,2,1,2,−4,−5}

注：整棵二叉树的节点值的和是最小的，所以返回根节点 1。

```
    1
  /   \
 -5    2
/ \   / \
1  2 -4 -5
```

3. 代码实现

相关代码如下：

```
import java.util.ArrayList;
import java.util.List;
public class Main {
    public static void main(String[] args) {
        TreeNode treeNode1 = new TreeNode(1);
        TreeNode treeNode2 = new TreeNode(-5);
        TreeNode treeNode3 = new TreeNode(2);
        TreeNode treeNode4 = new TreeNode(1);
        TreeNode treeNode5 = new TreeNode(2);
        TreeNode treeNode6 = new TreeNode(-4);
        TreeNode treeNode7 = new TreeNode(-5);
        treeNode2.setLeft(treeNode4);
        treeNode2.setRight(treeNode5);
        treeNode3.setLeft(treeNode6);
        treeNode3.setRight(treeNode7);
        treeNode1.setLeft(treeNode2);
        treeNode1.setRight(treeNode3);
        System.out.println("输入");
        System.out.println("{1,-5,2,1,2,-4,-5}");
        System.out.println("输出");
        System.out.println(levelOrder(findSubtree(treeNode1)));
    }
    public static TreeNode findSubtree(TreeNode root) {
```

```
        TreeNode[] result = new TreeNode[1];
        int[] min_sum = new int[1];
        min_sum[0] = Integer.MAX_VALUE;
        getSubtreeSum(root, result, min_sum);
        return result[0];
    }
    private static int getSubtreeSum(TreeNode node, TreeNode[] result, int[] min_sum) {
        if (node == null) {
            return 0;
        }
        int leftSum = getSubtreeSum(node.left, result, min_sum);
        int rightSum = getSubtreeSum(node.right, result, min_sum);
        int sum = leftSum + rightSum + node.val;
        if (sum < min_sum[0]) {
            min_sum[0] = sum;
            result[0] = node;
        }
        return sum;
    }
    public static List<List<Integer>> levelOrder(TreeNode root) {
        List<List<Integer>> res = new ArrayList<>();
        if (root == null) {
            return res;
        }
        dfs(root, res, 0);
        return res;
    }
    private static void dfs(TreeNode root, List<List<Integer>> res, int level) {
        if (root == null) {
            return;
        }
        if (level == res.size()) {
            res.add(new ArrayList<>());
        }
        res.get(level).add(root.val);
        dfs(root.left, res, level + 1);
        dfs(root.right, res, level + 1);
    }
}
class TreeNode {
    int val;
    public void setLeft(TreeNode left) {
        this.left = left;
    }
    public void setRight(TreeNode right) {
        this.right = right;
    }
    TreeNode left;
    TreeNode right;
    TreeNode(int x) {
```

```
            val = x;
        }
    }
```

4. 运行结果

输入:{1,−5,2,1,2,−4,−5}

输出:{1,−5,2,1,2,−4,−5}

实例 215　二叉树最长连续路径长度

1. 问题描述

给定一棵二叉树,找到其最长连续路径的长度。这条路径中的任意节点序列中的起始节点到树中的任一节点都必须遵循父子联系,即最长的连续路径必须从父节点到子节点(不能逆序)。

2. 问题示例

输入:tree={1,#,3,2,4,#,#,#,5}

输出:3

注:二叉树如下所示,最长连续序列是 3-4-5,所以返回 3。

```
1
 \
  3
 / \
2   4
     \
      5
```

3. 代码实现

相关代码如下:

```
import java.util.ArrayList;
import java.util.List;
public class Main {
    public static void main(String[] args) {
        TreeNode treeNode1 = new TreeNode(1);
        TreeNode treeNode2 = new TreeNode(3);
        TreeNode treeNode3 = new TreeNode(2);
        TreeNode treeNode4 = new TreeNode(4);
        TreeNode treeNode5 = new TreeNode(5);
        treeNode4.setRight(treeNode5);
        treeNode2.setLeft(treeNode3);
        treeNode2.setRight(treeNode4);
        treeNode1.setRight(treeNode2);
        System.out.println("输入");
        System.out.println("{1,#,3,2,4,#,#,#,5}");
        System.out.println("输出");
        System.out.println(longestConsecutive(treeNode1));
    }
```

```
    static int max = 0;
    public static int longestConsecutive(TreeNode root) {
        if (root == null) return 0;
        dfs(root);
        return max + 1;
    }
    public static int dfs(TreeNode root) {
        if (root == null) return 0;
        int left = dfs(root.left);
        left = root.left != null && root.val + 1 == root.left.val ? left + 1 : 0;
        max = Math.max(left, max);
        int right = dfs(root.right);
        right = root.right != null && root.val + 1 == root.right.val ? right + 1 : 0;
        max = Math.max(right, max);
        return Math.max(right, left);
    }
    public static List<List<Integer>> levelOrder(TreeNode root) {
        List<List<Integer>> res = new ArrayList<>();
        if (root == null) {
            return res;
        }
        dfs(root, res, 0);
        return res;
    }
    private static void dfs(TreeNode root, List<List<Integer>> res, int level) {
        if (root == null) {
            return;
        }
        if (level == res.size()) {
            res.add(new ArrayList<>());
        }
        res.get(level).add(root.val);
        dfs(root.left, res, level + 1);
        dfs(root.right, res, level + 1);
    }
}
class TreeNode {
    int val;
    public void setLeft(TreeNode left) {
        this.left = left;
    }
    public void setRight(TreeNode right) {
        this.right = right;
    }
    TreeNode left;
    TreeNode right;
    TreeNode(int x) {
        val = x;
    }
}
```

4. 运行结果

输入：{1,#,3,2,4,#,#,#,5}

输出：3

实例 216 数字相加

1. 问题描述

给出一个非负整数 num，反复将所有数位上的数字相加，直到得到一个一位的整数，最后返回这个一位的整数。

2. 问题示例

输入：num＝38

输出：2

注：3＋8＝11，1＋1＝2，因为 2 只有一个数字，所以返回 2。

3. 代码实现

相关代码如下：

```
public class Main {
    public static void main(String[ ] args) {
        int num = 38;
        System.out.println("输入");
        System.out.println(num);
        System.out.println("输出");
        System.out.println(addDigits(num));
    }
    public static int addDigits(int num) {
        int res = 0;
        while (true) {
            if (num == 0 && res < 10) {
                break;
            }
            if (num == 0 && res > 9) {
                num = res;
                res = 0;
            }
            int a = num % 10;
            res += a;
            num = (int) (num / 10);
        }
        num = res;
        return res;
    }
}
```

4. 运行结果

输入：38

输出：2

实例 217　字符计数

1. 问题描述

请对一个字符串中的字符进行计数，返回一个 hashmap（哈希表），hashmap 中的 key 为字符，value 是这个字符出现的次数。

2. 问题示例

输入：str=abca

输出：

{
    a=2，
    b=1，
    c=1
}

3. 代码实现

相关代码如下：

```
import java.util.HashMap;
import java.util.Map;
public class Main {
    public static void main(String[] args) {
        String str = "abca";
        System.out.println("输入");
        System.out.println(str);
        System.out.println("输出");
        System.out.println(countCharacters(str));
    }
    public static Map<Character, Integer> countCharacters(String str) {
        Map<Character, Integer> map = new HashMap<Character, Integer>();
        for (char c : str.toCharArray()) {
            if (!map.containsKey(c)) {
                map.put(c, 1);
            } else {
                map.put(c, map.get(c) + 1);
            }
        }
        return map;
    }
}
```

4. 运行结果

输入：abca

输出：{a=2，b=1，c=1}

实例 218 嵌套列表的加权和

1. 问题描述

给定一个嵌套的整数列表，请返回列表中所有整数的深度加权后的总和。整数列表中的元素可能是一个整数或一个列表，列表中的元素也可能是整数或列表。

2. 问题示例

输入：nestedList=[[1,1],2,[1,1]]

输出：10

注：4 个 1 的嵌套层数为 2，即深度为 2；1 个 2 的嵌套层数为 1，即深度为 1，故 4×1×2+1×2×1=10。

3. 代码实现

相关代码如下：

```
import java.util.ArrayList;
import java.util.LinkedList;
import java.util.List;
import java.util.Queue;
public class Main {
    public static void main(String[] args) {
        List<NestedInteger> nestedList = new ArrayList<>();
        List<NestedInteger> nestedList2 = new ArrayList<>();
        nestedList2.add(new NestedInteger(1));
        nestedList2.add(new NestedInteger(1));
        List<NestedInteger> nestedList3 = new ArrayList<>();
        nestedList3.add(new NestedInteger(1));
        nestedList3.add(new NestedInteger(1));
        nestedList.add(new NestedInteger(nestedList2));
        nestedList.add(new NestedInteger(2));
        nestedList.add(new NestedInteger(nestedList3));
        System.out.println("输入");
        System.out.println("[[1,1],2,[1,1]]");
        System.out.println("输出");
        System.out.println(depthSum(nestedList));
    }
    public static int depthSum(List<NestedInteger> nestedList) {
        Queue<NestedInteger> queue = new LinkedList<>(nestedList);
        int res = 0;
        int depth = 1;
        while (!queue.isEmpty()) {
            int size = queue.size();
            for (int i = 0; i < size; i++) {
                NestedInteger poll = queue.poll();
                if (poll.isInteger())
                    res += depth * poll.getInteger();
```

```
                else
                    queue.addAll(poll.getList());
            }
            depth++;
        }
        return res;
    }
    static class NestedInteger {
        private List<NestedInteger> list;
        private Integer integer;
        public NestedInteger(List<NestedInteger> list) {
            this.list = list;
        }
        public NestedInteger(Integer integer) {
            this.integer = integer;
        }
        public void add(NestedInteger nestedInteger) {
            if (this.list != null) {
                this.list.add(nestedInteger);
            } else {
                this.list = new ArrayList();
                this.list.add(nestedInteger);
            }
        }
        public boolean isInteger() {
            return integer != null;
        }
        public Integer getInteger() {
            return integer;
        }
        public List<NestedInteger> getList() {
            return list;
        }
    }
}
```

4. 运行结果

输入：[[1,1],2,[1,1]]

输出：10

实例 219　计算两数组的交集

1. 问题描述

给定两个数组，计算二者的交集。

2. 问题示例

输入：nums1=[1, 2, 2, 1]，nums2=[2, 2]

输出：[2，2]

3. 代码实现

相关代码如下：

```
import java.util.Arrays;
import java.util.ArrayList;
import java.util.HashMap;
import java.util.List;
import java.util.Map;
public class Main {
    public static void main(String[] args) {
        int[] nums1 = {1, 2, 2, 1}, nums2 = {2, 2};
        System.out.println("输入");
        System.out.println(Arrays.toString(nums1));
        System.out.println(Arrays.toString(nums2));
        System.out.println("输出");
        System.out.println(Arrays.toString(intersection(nums1, nums2)));
    }
    public static int[] intersection(int[] nums1, int[] nums2) {
        Map<Integer, Integer> map = new HashMap<Integer, Integer>();
        for (int i = 0; i < nums1.length; ++i) {
            if (map.containsKey(nums1[i]))
                map.put(nums1[i], map.get(nums1[i]) + 1);
            else
                map.put(nums1[i], 1);
        }
        List<Integer> results = new ArrayList<Integer>();
        for (int i = 0; i < nums2.length; ++i)
            if (map.containsKey(nums2[i]) &&
                    map.get(nums2[i]) > 0) {
                results.add(nums2[i]);
                map.put(nums2[i], map.get(nums2[i]) - 1);
            }
        int result[] = new int[results.size()];
        for (int i = 0; i < results.size(); ++i)
            result[i] = results.get(i);
        return result;
    }
}
```

4. 运行结果

输入：[1,2,2,1]　[2,2]

输出：[2,2]

实例 220　移动 0 到数组尾部

1. 问题描述

请给数组 nums 写一个函数，将数组中的 0 移动到数组的尾部，非零元素保持原来的顺序。注：①必须在原数组上操作；②需最小化操作数。

2. 问题示例

输入：nums=[0, 1, 0, 3, 12]

输出：[1, 3, 12, 0, 0]

3. 代码实现

相关代码如下：

```
import java.util.Arrays;
public class Main {
    public static void main(String[] args) {
        int[] nums = {0, 1, 0, 3, 12};
        System.out.println("输入");
        System.out.println(Arrays.toString(nums));
        System.out.println("输出");
        moveZeroes(nums);
        System.out.println(Arrays.toString(nums));
    }
    public static void moveZeroes(int[] nums) {
        int left = 0, right = 0;
        while (right < nums.length) {
            if (nums[right] != 0) {
                nums[left] = nums[right];
                left++;
            }
            right++;
        }
        while (left < nums.length) {
            nums[left] = 0;
            left++;
        }
    }
}
```

4. 运行结果

输入：[0,1,0,3,12]

输出：[1,3,12,0,0]

实例 221　左侧填充空格

1. 问题描述

请实现一个 leftpad(str,num)函数，其中参数 str 表示字符串，参数 num 表示要返回的字符串的最小长度。当字符串 str 的长度小于 num 的值时，在字符串 str 的左侧填充空格，直到填充后的字符串长度等于 num，返回填充后的字符串；当字符串 str 的长度大于或等于 num 的值时，返回字符串 str。

2. 问题示例

输入：leftpad(foo，5)

输出：# foo

3. 代码实现

相关代码如下：

```
public class Main {
    public static void main(String[] args) {
        System.out.println("输入");
        System.out.println("leftpad(\"foo\", 5)");
        System.out.println("输出");
        System.out.println(leftPad("foo", 5));
    }
    static public String leftPad(String originalStr, int size) {
        return leftPad(originalStr, size, ' ');
    }
    static public String leftPad(String originalStr, int size, char padChar) {
        StringBuffer sb = new StringBuffer();
        for (int i = 0; i < size - originalStr.length(); ++i)
            sb.append(padChar);
        sb.append(originalStr);
        return sb.toString();
    }
}
```

4. 运行结果

输入：leftpad(foo，5)

输出：# foo

实例 222　判断丑数

1. 问题描述

请编写一个程序，判断给定的整数是不是丑数。丑数是指只包含质因子 2，3，5 的正整数。例如，6 和 8 是丑数，但 14 不是，因为 14 包含质因子 7。

注：可以认为 1 是一个特殊的丑数。

2. 问题示例

输入：num＝8

输出：true

注：8＝2×2×2，故 8 只包含质因子 2。

3. 代码实现

相关代码如下：

```
public class Main {
    public static void main(String[] args) {
```

```
        int num = 8;
        System.out.println("输入");
        System.out.println(num);
        System.out.println("输出");
        System.out.println(isUgly(num));
    }
    public static boolean isUgly(int num) {
        if (num <= 0) return false;
        if (num == 1) return true;
        while (num >= 2 && num % 2 == 0) num /= 2;
        while (num >= 3 && num % 3 == 0) num /= 3;
        while (num >= 5 && num % 5 == 0) num /= 5;
        return num == 1;
    }
}
```

4. 运行结果

输入：8

输出：true

实例 223 求柱子染色方案

1. 问题描述

给定一个栅栏，它有 n 个柱子。现在要给柱子染色，有 k 种颜色可选，但是必须保证相邻的颜色相同的柱子不超过 2 个，求有多少种染色方案。注：n 和 k 都是非负整数。

2. 问题示例

输入：$n=3$，$k=2$

输出：6

3. 代码实现

相关代码如下：

```
public class Main {
    public static void main(String[] args) {
        int n = 3, k = 2;
        System.out.println("输入");
        System.out.println(n);
        System.out.println(k);
        System.out.println("输出");
        System.out.println(numWays(n, k));
    }
    public static int numWays(int n, int k) {
        int dp[] = {0, k, k * k, 0};
        if (n <= 2)
            return dp[n];
        if (k == 1)
```

```
            return 0;
        for (int i = 2; i < n; i++) {
            dp[3] = (k - 1) * (dp[1] + dp[2]);
            dp[1] = dp[2];
            dp[2] = dp[3];
        }
        return dp[3];
    }
}
```

4. 运行结果

输入：3　2

输出：6

实例 224　电影推荐

1. 问题描述

给定一个用户看过的电影列表 graph，其中 graph[i]表示第 i 个用户看过的电影。为每个用户推荐其可能喜欢的其他电影。假如用户 1 看过的电影有 A、B、C，那么查找看过电影 A、B、C 的人看过的其他电影有哪些，将其中出现频率排前 5 的电影推荐给用户 1。被推荐的电影需要按照出现频率从高到低排序，出现频率相同的电影按照序号由小到大排序。

2. 问题示例

输入：graph = [[1,2],[1,3,5],[2,5]]

输出：[[5,3],[2],[1,3]]

注：为用户 1 推荐电影 5 和电影 3，为用户 2 推荐电影 2，为用户 3 推荐电影 1 和电影 3。

3. 代码实现

相关代码如下：

```
import java.util.ArrayList;
import java.util.Arrays;
import java.util.LinkedList;
import java.util.List;
public class Main {
    public static void main(String[] args) {
        List<List<Integer>> graph = new ArrayList<>();
        graph.add(Arrays.asList(new Integer[]{1, 2}));
        graph.add(Arrays.asList(new Integer[]{1, 3, 5}));
        graph.add(Arrays.asList(new Integer[]{2, 5}));
        System.out.println("输入");
        System.out.println(graph);
        System.out.println("输出");
        System.out.println(minMalwareSpread(graph));
    }
```

```
    public static List < List < Integer >> minMalwareSpread(List < List < Integer >> graph) {
        LinkedList < List < Integer >> res = new LinkedList <>();
        int[][] ans = new int[100][100];
        int[][] vis = new int[100][100];
        int n = graph.size();
        for (int i = 0; i < n; i++)
            for (int j = 0; j < graph.get(i).size(); j++) {
                ans[graph.get(i).get(j)][i] = 1;
                vis[i][graph.get(i).get(j)] = 1;
            }
        for (int i = 0; i < n; i++) {
            int[] c = new int[100];
            int[] v = new int[100];
            List < Integer > tt = new LinkedList <>();
            int user;
            for (int j = 0; j < graph.get(i).size(); j++) {
                for (int k = 0; k < 100; k++) {
                    if (ans[graph.get(i).get(j)][k] == 0)
                        continue;
                    user = k;
                    if (user == i)
                        continue;
                    for (int l = 0; l < graph.get(user).size(); l++) {
                        c[graph.get(user).get(l)]++;
                    }
                }
            }
            c[0] = -1;
            for (int j = 0, d = 9999, id = 0; j < 5; j++, id = 0) {
                for (int k = 1; k <= 80; k++) {
                    if (vis[i][k] == 1 || c[k] == 0)
                        continue;
                    if (d >= c[k] && c[k] > c[id]) {
                        if (v[k] == 1)
                            continue;
                        id = k;
                    }
                }
                if (id > 0) {
                    d = c[id];
                    v[id] = 1;
                    tt.add(Integer.valueOf(id));
                } else
                    break;
            }
            res.add(tt);
        }
        return res;
    }
}
```

4. 运行结果

输入：[[1,2],[1,3,5],[2,5]]

输出：[[5,3],[2],[1,3]]

实例 225 快乐数

1. 问题描述

对于一个正整数 n，每次将其替换为其每个位置上数字的平方的和，重复这个过程，如果该正整数最终可以变为 1，那么这个正整数称为快乐数。

2. 问题示例

输入：$n=19$

输出：true

3. 代码实现

相关代码如下：

```
import java.util.HashSet;
public class Main {
    public static void main(String[] args) {
        int n = 19;
        System.out.println("输入");
        System.out.println(n);
        System.out.println("输出");
        System.out.println(isHappy(n));
    }
    private static int getNextHappy(int n) {
        int sum = 0;
        while (n != 0) {
            sum += (n % 10) * (n % 10);
            n /= 10;
        }
        return sum;
    }
    public static boolean isHappy(int n) {
        HashSet<Integer> hash = new HashSet<Integer>();
        while (n != 1) {
            if (hash.contains(n)) {
                return false;
            }
            hash.add(n);
            n = getNextHappy(n);
        }
        return true;
    }
}
```

4. 运行结果

输入：19

输出：true

实例 226　查找数组中的第二大数

1. 问题描述

请在给定的数组中找到第二大的数。

2. 问题示例

输入：nums=[1,3,2,4]

输出：3

3. 代码实现

相关代码如下：

```
import java.util.Arrays;
public class Main {
    public static void main(String[] args) {
        int[] nums = {1, 3, 2, 4};
        System.out.println("输入");
        System.out.println(Arrays.toString(nums));
        System.out.println("输出");
        System.out.println(secondMax(nums));
    }
    public static int secondMax(int[] nums) {
        int max = Math.max(nums[0], nums[1]);
        int second = Math.min(nums[0], nums[1]);
        for (int i = 2; i < nums.length; i++) {
            if (nums[i] > max) {
                second = max;
                max = nums[i];
            } else if (nums[i] > second) {
                second = nums[i];
            }
        }
        return second;
    }
}
```

4. 运行结果

输入：[1,3,2,4]

输出：3

实例 227　查找等价二叉树

1. 问题描述

给定两棵二叉树，请检查二者是否等价。注：如果两棵二叉树拥有相同的结构，且每个对应位置节点上的数都相等，则认为这两棵二叉树等价。

2. 问题示例

输入：tree＝{1,2,2,4},{1,2,2,4}

输出：true

3. 代码实现

相关代码如下：

```
public class Main {
    public static void main(String[] args) {
        TreeNode treeNode1 = new TreeNode(1);
        TreeNode treeNode2 = new TreeNode(2);
        TreeNode treeNode3 = new TreeNode(2);
        TreeNode treeNode4 = new TreeNode(4);
        treeNode2.setLeft(treeNode3);
        treeNode2.setRight(treeNode4);
        treeNode1.setLeft(treeNode2);
        treeNode1.setRight(treeNode3);
        TreeNode treeNodeb1 = new TreeNode(1);
        TreeNode treeNodeb2 = new TreeNode(2);
        TreeNode treeNodeb3 = new TreeNode(2);
        TreeNode treeNodeb4 = new TreeNode(4);
        treeNodeb2.setLeft(treeNodeb3);
        treeNodeb2.setRight(treeNodeb4);
        treeNodeb1.setLeft(treeNodeb2);
        treeNodeb1.setRight(treeNodeb3);
        System.out.println("输入");
        System.out.println("{1,2,2,4}");
        System.out.println("{1,2,2,4}");
        System.out.println("输出");
        System.out.println(isIdentical(treeNode1, treeNodeb1));
    }
    public static boolean isIdentical(TreeNode p, TreeNode q) {
        if (p == null && q == null) {
            return true;
        } else if (p == null || q == null) {
            return false;
        } else if (p.val != q.val) {
            return false;
        } else {
            return isIdentical(p.left, q.left) && isIdentical(p.right, q.right);
        }
```

```
        }
    }
class TreeNode {
    int val;
    public void setLeft(TreeNode left) {
        this.left = left;
    }
    public void setRight(TreeNode right) {
        this.right = right;
    }
    TreeNode left;
    TreeNode right;
    TreeNode(int x) {
        val = x;
    }
}
```

4. 运行结果

输入：{1,2,2,4} {1,2,2,4}

输出：true

实例 228　判断对称二叉树

1. 问题描述

给定一棵二叉树，判断其是否为对称二叉树(围绕其中心轴对称)。

2. 问题示例

输入：tree={1,2,2,3,4,4,3}

输出：true

注：输入二叉树如下，可见其是一棵对称的二叉树。

```
    1
   / \
  2   2
 / \ / \
3  4 4  3
```

3. 代码实现

相关代码如下：

```
public class Main {
    public static void main(String[ ] args) {
        TreeNode treeNode1 = new TreeNode(1);
        TreeNode treeNode2 = new TreeNode(2);
        TreeNode treeNode3 = new TreeNode(2);
        TreeNode treeNode4 = new TreeNode(3);
        TreeNode treeNode5 = new TreeNode(4);
        TreeNode treeNode6 = new TreeNode(4);
        TreeNode treeNode7 = new TreeNode(3);
```

```
        treeNode3.setLeft(treeNode6);
        treeNode3.setRight(treeNode7);
        treeNode2.setLeft(treeNode4);
        treeNode2.setRight(treeNode5);
        treeNode1.setLeft(treeNode2);
        treeNode1.setRight(treeNode3);
        System.out.println("输入");
        System.out.println("{1,2,2,3,4,4,3}");
        System.out.println("输出");
        System.out.println(isSymmetric(treeNode1));
    }
    public static boolean isSymmetric(TreeNode root) {
        if (root == null) {
            return true;
        }
        return check(root.left, root.right);
    }
    private static boolean check(TreeNode root1, TreeNode root2) {
        if (root1 == null && root2 == null) {
            return true;
        }
        if (root1 == null || root2 == null) {
            return false;
        }
        if (root1.val != root2.val) {
            return false;
        }
        return check(root1.left, root2.right) && check(root1.right, root2.left);
    }
}
class TreeNode {
    int val;
    public void setLeft(TreeNode left) {
        this.left = left;
    }
    public void setRight(TreeNode right) {
        this.right = right;
    }
    TreeNode left;
    TreeNode right;
    TreeNode(int x) {
        val = x;
    }
}
```

4. 运行结果

输入：{1,2,2,3,4,4,3}

输出：true

实例 229 判断完全二叉树

1. 问题描述

请判断一棵二叉树是否为完全二叉树。注：完全二叉树是指一棵二叉树除了最后一层，其他层的节点都是完整的。最后一层节点如果不完整，则所有节点靠左。

2. 问题示例

输入：tree={1,2,3,4}

输出：true

注：输入二叉树如下，是完全二叉树。

```
   1
  / \
 2   3
 /
4
```

3. 代码实现

相关代码如下：

```
import java.util.LinkedList;
import java.util.Queue;
public class Main {
    public static void main(String[] args) {
        TreeNode treeNode1 = new TreeNode(1);
        TreeNode treeNode2 = new TreeNode(2);
        TreeNode treeNode3 = new TreeNode(3);
        TreeNode treeNode4 = new TreeNode(4);
        treeNode2.setLeft(treeNode4);
        treeNode1.setLeft(treeNode2);
        treeNode1.setRight(treeNode3);
        System.out.println("输入");
        System.out.println("{1,2,3,4}");
        System.out.println("输出");
        System.out.println(isComplete(treeNode1));
    }
    public static boolean isComplete(TreeNode root) {
        Queue<TreeNode> queue = new LinkedList<>();
        queue.offer(root);
        boolean end = false;
        while (!queue.isEmpty()) {
            TreeNode current = queue.poll();
            if (current == null) {
                end = true;
            } else {
                if (end == true) {
                    return false;
                }
                queue.offer(current.left);
```

```
                queue.offer(current.right);
            }
        }
        return true;
    }
}
class TreeNode {
    int val;
    public void setLeft(TreeNode left) {
        this.left = left;
    }
    public void setRight(TreeNode right) {
        this.right = right;
    }
    TreeNode left;
    TreeNode right;
    TreeNode(int x) {
        val = x;
    }
}
```

4. 运行结果

输入：{1,2,3,4}

输出：true

实例 230 整数排序

1. 问题描述

给定一组整数，使用归并排序、快速排序、堆排序或其他 $O(n \log n)$ 的排序算法将其按照升序排列。

2. 问题示例

输入：$A=[3,2,1,4,5]$

输出：[1,2,3,4,5]

3. 代码实现

相关代码如下：

```
import java.util.Arrays;
public class Main {
    public static void main(String[] args) {
        int[] A = {3, 2, 1, 4, 5};
        System.out.println("输入");
        System.out.println(Arrays.toString(A));
        System.out.println("输出");
        sortIntegers2(A);
        System.out.println(Arrays.toString(A));
```

```
    }
    public static void sortIntegers2(int[] A) {
        quickSort(A, 0, A.length - 1);
    }
    private static void quickSort(int[] A, int start, int end) {
        if (start >= end) {
            return;
        }
        int left = start, right = end;
        int pivot = A[(start + end) / 2];
        while (left <= right) {
            while (left <= right && A[left] < pivot) {
                left++;
            }
            while (left <= right && A[right] > pivot) {
                right--;
            }
            if (left <= right) {
                int temp = A[left];
                A[left] = A[right];
                A[right] = temp;
                left++;
                right--;
            }
        }
        quickSort(A, start, right);
        quickSort(A, left, end);
    }
}
```

4. 运行结果

输入：[3,2,1,4,5]

输出：[1,2,3,4,5]

实例 231 目标在数组中出现次数

1. 问题描述

给定一个元素为升序排列的数组 A 及一个目标(target)，请找到目标在数组中出现的次数。

2. 问题示例

输入：A=[1,3,3,4,5]，target=3

输出：2

3. 代码实现

相关代码如下：

```
import java.util.Arrays;
public class Main {
```

```
    public static void main(String[] args) {
        int[] A = {1, 3, 3, 4, 5};
        int target = 3;
        System.out.println("输入");
        System.out.println(Arrays.toString(A));
        System.out.println(target);
        System.out.println("输出");
        System.out.println(totalOccurrence(A, target));
    }
    public static int totalOccurrence(int[] A, int target) {
        int n = A.length;
        if (n == 0) {
            return 0;
        }
        if (A[n - 1] < target || A[0] > target) {
            return 0;
        }
        int l = 0, r = n - 1;
        int start = 0;
        while (l <= r) {
            int mid = l + (r - l) / 2;
            if (A[mid] >= target) {
                start = mid;
                r = mid - 1;
            } else
                l = mid + 1;
        }
        if (A[start] != target)
            return 0;
        int end = n - 1;
        l = 0;
        r = n - 1;
        while (l <= r) {
            int mid = l + (r - l) / 2;
            if (A[mid] <= target) {
                end = mid;
                l = mid + 1;
            } else
                r = mid - 1;
        }
        return end - start + 1;
    }
}
```

4. 运行结果

输入：[1,3,3,4,5] 3

输出：2

实例 232　排序数组中最接近目标的元素

1. 问题描述

在一个排好序的数组 A 中找到下标 i，使得 $A[i]$最接近目标(target)。如果数组中没有元素，则返回−1。注：数组中可以有重复的元素，返回任意符合要求的元素的下标。

2. 问题示例

输入：$A=[1, 2, 3]$，target=2

输出：1

3. 代码实现

相关代码如下：

```
import java.util.Arrays;
public class Main {
    public static void main(String[] args) {
        int[] A = {1, 2, 3};
        int target = 2;
        System.out.println("输入");
        System.out.println(Arrays.toString(A));
        System.out.println(target);
        System.out.println("输出");
        System.out.println(closestNumber(A, target));
    }
    public static int closestNumber(int[] A, int target) {
        if (A == null || A.length == 0) {
            return -1;
        }
        int start = 0, end = A.length - 1;
        while (start + 1 < end) {
            int mid = start + (end - start) / 2;
            if (A[mid] == target) {
                return mid;
            } else if (A[mid] > target) {
                end = mid;
            } else {
                start = mid;
            }
        }
        if (Math.abs(A[start] - target) <= Math.abs(A[end] - target)) {
            return start;
        }
        return end;
    }
}
```

4. 运行结果

输入：[1,2,3]　2

输出：1

实例 233　寻找目标最后位置

1. 问题描述

给定一个升序数组 num，找到目标(target)最后一次出现的位置，如果未出现则返回−1。

2. 问题示例

输入：num=[1,2,2,4,5,5]，target=2

输出：2

3. 代码实现

相关代码如下：

```
import java.util.Arrays;
public class Main {
    public static void main(String[] args) {
        int[] num = {1, 2, 2, 4, 5, 5};
        int target = 2;
        System.out.println("输入");
        System.out.println(Arrays.toString(num));
        System.out.println(target);
        System.out.println("输出");
        System.out.println(lastPosition(num, target));
    }
    public static int lastPosition(int[] nums, int target) {
        if (nums == null || nums.length == 0) {
            return -1;
        }
        int start = 0;
        int end = nums.length - 1;
        while (start + 1 < end) {
            int mid = start + (end - start) / 2;
            if (nums[mid] == target) {
                start = mid;
            } else if (nums[mid] < target) {
                start = mid;
            } else {
                end = mid;
            }
        }
        if (nums[end] == target) {
            return end;
        } else if (nums[start] == target) {
            return start;
        } else {
            return -1;
        }
    }
}
```

4. 运行结果

输入：[1,2,2,4,5,5] 2

输出：2

实例 234 将二叉树拆解成假链表

1. 问题描述

请将一棵二叉树按照前序遍历拆解成一个假链表。假链表是指用二叉树的 right 指针，表示链表中的 next 指针。注：必须将二叉树左侧节点标记为 null，否则会导致空间溢出或时间溢出。前序遍历的定义见实例 297。

2. 问题示例

输入：tree={1,2,5,3,4,#,6}

输出：{1,#,2,#,3,#,4,#,5,#,6}

注：

```
     1
    / \
   2   5
  / \   \
 3   4   6

1
 \
  2
   \
    3
     \
      4
       \
        5
         \
          6
```

3. 代码实现

相关代码如下：

```
import java.util.ArrayList;
import java.util.List;
public class Main {
    public static void main(String[] args) {
        TreeNode treeNode1 = new TreeNode(1);
        TreeNode treeNode2 = new TreeNode(2);
        TreeNode treeNode3 = new TreeNode(5);
        TreeNode treeNode4 = new TreeNode(3);
        TreeNode treeNode5 = new TreeNode(4);
        TreeNode treeNode6 = new TreeNode(6);
        treeNode2.setLeft(treeNode4);
```

```
        treeNode2.setRight(treeNode5);
        treeNode3.setRight(treeNode6);
        treeNode1.setLeft(treeNode2);
        treeNode1.setRight(treeNode3);
        System.out.println("输入");
        System.out.println("{1,2,5,3,4,#,6}");
        System.out.println("输出");
        flatten(treeNode1);
        System.out.println(levelOrder(treeNode1));
    }
    private static TreeNode lastNode = null;
    public static void flatten(TreeNode root) {
        if (root == null) {
            return;
        }
        flatten(root.right);
        flatten(root.left);
        root.right = lastNode;
        root.left = null;
        lastNode = root;
    }
    public static List<List<Integer>> levelOrder(TreeNode root) {
        List<List<Integer>> res = new ArrayList<>();
        if (root == null) {
            return res;
        }
        dfs(root, res, 0);
        return res;
    }
    private static void dfs(TreeNode root, List<List<Integer>> res, int level) {
        if (root == null) {
            return;
        }
        if (level == res.size()) {
            res.add(new ArrayList<>());
        }
        res.get(level).add(root.val);
        dfs(root.left, res, level + 1);
        dfs(root.right, res, level + 1);
    }
}
class TreeNode {
    int val;
    public void setLeft(TreeNode left) {
        this.left = left;
    }
    public void setRight(TreeNode right) {
        this.right = right;
    }
    TreeNode left;
```

```
        TreeNode right;
        TreeNode(int x) {
            val = x;
        }
}
```

4. 运行结果

输入：{1,2,5,3,4,#,6}

输出：{1,#,2,#,3,#,4,#,5,#,6}

实例 235　将链表中的节点两两交换

1. 问题描述

给定一个链表，将其中的节点两两交换，然后返回交换后的链表。

2. 问题示例

输入：list=1→2→3→4→null

输出：2→1→4→3→null

3. 代码实现

相关代码如下：

```
public class Main {
    public static void main(String[] args) {
        ListNode listNode1 = new ListNode(1);
        ListNode listNode2 = new ListNode(2);
        ListNode listNode3 = new ListNode(3);
        ListNode listNode4 = new ListNode(4);
        listNode1.next = listNode2;
        listNode2.next = listNode3;
        listNode3.next = listNode4;
        System.out.println("输入");
        listNodeOut(listNode1);
        System.out.println("输出");
        listNodeOut(swapPairs(listNode1));
    }
    public static ListNode swapPairs(ListNode head) {
        ListNode dummy = new ListNode(0);
        dummy.next = head;
        head = dummy;
        while (head.next != null && head.next.next != null) {
            ListNode n1 = head.next, n2 = head.next.next;
            head.next = n2;
            n1.next = n2.next;
            n2.next = n1;
            head = n1;
        }
        return dummy.next;
```

```
        }
        public static void listNodeOut(ListNode head) {
            if (head == null) {
                System.out.println("null");
                return;
            }
            System.out.print(head.val);
            System.out.print("->");
            while (head.next != null) {
                head = head.next;
                System.out.print(head.val);
                System.out.print("->");
            }
            System.out.println("null");
        }
    }
    class ListNode {
        int val;
        ListNode next;
        ListNode(int x) {
            val = x;
            next = null;
        }
    }
```

4. 运行结果

输入：1→2→3→4→null

输出：2→1→4→3→null

实例 236　求岛屿的个数

1. 问题描述

给定一个 01 矩阵，求不同岛屿的个数。矩阵元素中，0 代表海，1 代表岛屿，如果两个 1 相邻，那么这两个 1 属于同一个岛屿。注：只考虑上下左右为相邻。

2. 问题示例

输入：grid=

```
[
    [1,1,0,0,0],
    [0,1,0,0,1],
    [0,0,0,1,1],
    [0,0,0,0,0],
    [0,0,0,0,1]
]
```

输出：3

3. 代码实现

相关代码如下：

```
import java.util.LinkedList;
import java.util.Queue;
public class Main {
    public static void main(String[] args) {
        boolean[][] grid = {
                {true, true, false, false, false},
                {false, true, false, false, true},
                {false, false, false, true, true},
                {false, false, false, false, false},
                {false, false, false, false, true}
        };
        System.out.println("输入"); System.out.println("[[1,1,0,0,0],[0,1,0,0,1],[0,0,0,
1,1],[0,0,0,0,0],[0,0,0,0,1]]");
        System.out.println("输出");
        System.out.println(numIslands(grid));
    }
    public static int[][] directions = {{1, 0}, {-1, 0}, {0, 1}, {0, -1}};
    public static int numIslands(boolean[][] grid) {
        if (grid == null || grid.length == 0 || grid[0].length == 0) return 0;
        int count = 0;
        for (int i = 0; i != grid.length; ++i) {
            for (int j = 0; j != grid[0].length; ++j) {
                if (!grid[i][j]) continue;
                Coordinate c = new Coordinate(i, j);
                bfs(grid, c);
                ++count;
            }
        }
        return count;
    }
    private static void bfs(boolean[][] grid, Coordinate c) {
        Queue<Coordinate> q = new LinkedList<>();
        q.offer(c);
        grid[c.m_x][c.m_y] = false;
        while (!q.isEmpty()) {
            Coordinate tmpC = q.poll();
            for (int i = 0; i != directions.length; ++i) {
                Coordinate newC = new Coordinate(
                        tmpC.m_x + directions[i][0],
                        tmpC.m_y + directions[i][1]
                );
                if (!checkValid(grid, newC)) continue;
                q.offer(newC);
                grid[newC.m_x][newC.m_y] = false;
            }
        }
    }
```

```
    private static boolean checkValid(boolean[][] grid, Coordinate c) {
        if (c.m_x < 0 || c.m_y < 0) return false;
        if (c.m_x >= grid.length || c.m_y >= grid[0].length) return false;
        if (grid[c.m_x][c.m_y] == false) return false;
        return true;
    }
}
class Coordinate {
    int m_x, m_y;
    Coordinate(int x, int y) {
        this.m_x = x;
        this.m_y = y;
    }
}
```

4. 运行结果

输入：[[1,1,0,0,0],[0,1,0,0,1],[0,0,0,1,1],[0,0,0,0,0],[0,0,0,0,1]]

输出：3

实例 237 最后一个单词的长度

1. 问题描述

给定一个字符串 s,其中包含大小写字母和空格,请返回其中最后一个单词的长度。如果不存在最后一个单词,则返回 0。一个单词由字母组成,但不包含空格。

2. 问题示例

输入：s＝Hello World

输出：5

3. 代码实现

相关代码如下：

```
public class Main {
    public static void main(String[] args) {
        String s = "Hello World";
        System.out.println("输入");
        System.out.println(s);
        System.out.println("输出");
        System.out.println(lengthOfLastWord(s));
    }
    public static int lengthOfLastWord(String s) {
        if (s.length() == 0) return 0;
        int index = s.length() - 1;
        while (s.charAt(index) == ' ') {
            index--;
        }
        int wordLength = 0;
```

```
        while (index >= 0 && s.charAt(index) != ' ') {
            wordLength++;
            index--;
        }
        return wordLength;
    }
}
```

4. 运行结果

输入：Hello World

输出：5

实例 238　验证有效数字

1. 问题描述

给定一个字符串,请验证其字符是否为有效数字。

2. 问题示例

输入：$s=0$

输出：true

3. 代码实现

相关代码如下：

```
public class Main {
    public static void main(String[] args) {
        String s = "0";
        System.out.println("输入");
        System.out.println(s);
        System.out.println("输出");
        System.out.println(isNumber(s));
    }
    public static boolean isNumber(String s) {
        try {
            double b = Double.parseDouble(s);
        } catch (Exception e) {
            return false;
        }
        return true;
    }
}
```

4. 运行结果

输入：0

输出：true

实例 239　翻转整数中的数字

1. 问题描述

请将一个整数中的数字进行翻转并返回翻转后的整数。当翻转后的整数溢出 32 位整数的范围时，则返回 0。

2. 问题示例

输入：$n=123$

输出：321

3. 代码实现

相关代码如下：

```
public class Main {
    public static void main(String[] args) {
        int n = 123;
        System.out.println("输入");
        System.out.println(n);
        System.out.println("输出");
        System.out.println(reverseInteger(n));
    }
    public static int reverseInteger(int n) {
        int reversed_n = 0;
        while (n != 0) {
            int temp = reversed_n * 10 + n % 10;
            n = n / 10;
            if (temp / 10 != reversed_n) {
                reversed_n = 0;
                break;
            }
            reversed_n = temp;
        }
        return reversed_n;
    }
}
```

4. 运行结果

输入：123

输出：321

实例 240　二进制数求和

1. 问题描述

给定两个由二进制数构成的字符串，返回构成这两个字符串的二进制数的和(用二进制数表示)。

2. 问题示例

输入：$a=0$, $b=0$

输出：0

3. 代码实现

相关代码如下：

```
public class Main {
    public static void main(String[ ] args) {
        String a = "0", b = "0";
        System.out.println("输入");
        System.out.println(a);
        System.out.println(b);
        System.out.println("输出");
        System.out.println(addBinary(a, b));
    }
    public static String addBinary(String a, String b) {
        if (Integer.parseInt(a) == 0 && Integer.parseInt(b) == 0) {
            return a;
        }
        StringBuilder sb = new StringBuilder();
        int n = Integer.parseInt(a, 2) + Integer.parseInt(b, 2);
        while (n > 0) {
            sb.append((char) n % 2);
            n /= 2;
        }
        return sb.reverse().toString();
    }
}
```

4. 运行结果

输入：0　0

输出：0

实例 241　查找最长连续上升子序列

1. 问题描述

给定一个整数数组 A(下标为 $0\sim n-1$,n 表示整个数组的规模),请找出该数组中的最长连续上升子序列(LICS),并返回该子序列的长度。注：最长连续上升子序列可以定义为元素从右到左或从左到右由小到大排列的子序列。

2. 问题示例

输入：$A=[5, 4, 2, 1, 3]$

输出：4

注：给定[5,4,2,1,3]，其最长连续上升子序列为[5,4,2,1]，故返回4。

3. 代码实现

相关代码如下：

```
import java.util.Arrays;
public class Main {
    public static void main(String[] args) {
        int[] A = {5, 4, 2, 1, 3};
        System.out.println("输入");
        System.out.println(Arrays.toString(A));
        System.out.println("输出");
        System.out.println(longestIncreasingContinuousSubsequence(A));
    }
    public static int longestIncreasingContinuousSubsequence(int[] A) {
        if (A == null || A.length == 0) {
            return 0;
        }
        int n = A.length;
        int answer = 1;
        int length = 1;
        for (int i = 1; i < n; i++) {
            if (A[i] > A[i - 1]) {
                length++;
            } else {
                length = 1;
            }
            answer = Math.max(answer, length);
        }
        length = 1;
        for (int i = n - 2; i >= 0; i--) {
            if (A[i] > A[i + 1]) {
                length++;
            } else {
                length = 1;
            }
            answer = Math.max(answer, length);
        }
        return answer;
    }
}
```

4. 运行结果

输入：[5,4,2,1,3]

输出：4

实例 242 判断数独是否合法

1. 问题描述

请判断一个数独是否合法。注：合法的数独需满足每一行已有的数字不重复，每一列已有的数字不重复，每一个小九宫格的数字不重复。数独用矩阵表示。该数独可能只填充了部分数字，其中缺少的数字用“.”表示。

2. 问题示例

输入：

数独=["53..7....","6..195...",".98....6.","8...6...3","4..8.3..1","7...2...6",".6....28.","...419..5","....8..79"]

输出：true

3. 代码实现

相关代码如下：

```java
import java.util.Arrays;
public class Main {
    public static void main(String[] args) {
        char[][] board = {"53..7....".toCharArray(), "6..195...".toCharArray(), ".98....6.".toCharArray(), "8...6...3".toCharArray(), "4..8.3..1".toCharArray(), "7...2...6".toCharArray(), ".6....28.".toCharArray(), "...419..5".toCharArray(), "....8..79".toCharArray()};
        System.out.println("输入"); System.out.println("[\"53..7....\",\"6..195...\",\".98....6.\",\"8...6...3\",\"4..8.3..1\",\"7...2...6\",\".6....28.\",\"...419..5\",\"....8..79\"]");
        System.out.println("输出");
        System.out.println(isValidSudoku(board));
    }
    public static boolean isValidSudoku(char[][] board) {
        boolean[] visited = new boolean[9];
        for (int i = 0; i < 9; i++) {
            Arrays.fill(visited, false);
            for (int j = 0; j < 9; j++) {
                if (!process(visited, board[i][j]))
                    return false;
            }
        }
        for (int i = 0; i < 9; i++) {
            Arrays.fill(visited, false);
            for (int j = 0; j < 9; j++) {
                if (!process(visited, board[j][i]))
                    return false;
            }
```

```
        }
        for (int i = 0; i < 9; i += 3) {
            for (int j = 0; j < 9; j += 3) {
                Arrays.fill(visited, false);
                for (int k = 0; k < 9; k++) {
                    if (!process(visited, board[i + k / 3][j + k % 3]))
                        return false;
                }
            }
        }
        return true;
    }
    private static boolean process(boolean[] visited, char digit) {
        if (digit == '.') {
            return true;
        }
        int num = digit - '0';
        if (num < 1 || num > 9 || visited[num - 1]) {
            return false;
        }
        visited[num - 1] = true;
        return true;
    }
}
```

4. 运行结果

输入：

["53..7....","6..195...",".98....6.","8...6...3","4..8.3..1","7...2...6",".6....28.","...419..5","....8..79"]

输出：true

实例 243 查找二叉树的路径和

1. 问题描述

给定一棵二叉树，找出所有路径中各节点值相加的总和等于给定目标值 n 的路径。一个有效的路径是指从根节点到叶节点的路径。

2. 问题示例

输入：tree={1,2,4,2,3}，$n=5$

输出：[[1, 2, 2],[1, 4]]

注：二叉树如下所示，1+2+2=1+4=5，目标总和为5。

```
    1
   / \
  2   4
 / \
2   3
```

3. 代码实现

相关代码如下：

```
import java.util.ArrayList;
import java.util.List;
public class Main {
    public static void main(String[] args) {
        TreeNode treeNode1 = new TreeNode(1);
        TreeNode treeNode2 = new TreeNode(2);
        TreeNode treeNode3 = new TreeNode(4);
        TreeNode treeNode4 = new TreeNode(2);
        TreeNode treeNode5 = new TreeNode(3);
        treeNode2.setLeft(treeNode4);
        treeNode2.setRight(treeNode5);
        treeNode1.setLeft(treeNode2);
        treeNode1.setRight(treeNode3);
        System.out.println("输入");
        System.out.println("{1,2,4,2,3}");
        System.out.println("输出");
        System.out.println(binaryTreePathSum(treeNode1, 5));
    }
    public static List<List<Integer>> binaryTreePathSum(TreeNode root, int target) {
        List<List<Integer>> result = new ArrayList<>();
        dfs(root, result, target, new ArrayList<>());
        return result;
    }
    private static void dfs(TreeNode root, List<List<Integer>> result,
                            int remain, List<Integer> path) {
        if (root == null) {
            return;
        }
        path.add(root.val);
        if (root.left == null && root.right == null && remain == root.val) {
            result.add(new ArrayList<>(path));
        }
        dfs(root.left, result, remain - root.val, path);
        dfs(root.right, result, remain - root.val, path);
        path.remove(path.size() - 1);
    }
}
class TreeNode {
    int val;
    public void setLeft(TreeNode left) {
        this.left = left;
    }
    public void setRight(TreeNode right) {
        this.right = right;
    }
    TreeNode left;
    TreeNode right;
```

```
    TreeNode(int x) {
        val = x;
    }
}
```

4. 运行结果

输入：{1,2,4,2,3}　5

输出：[[1,2,2],[1,4]]

实例 244　计算二进制中有多少个 1

1. 问题描述

请计算在一个 32 位整数的二进制表示中有多少个 1。

2. 问题示例

输入：num＝32

输出：1

注：32 的二进制表示为 100000，其中有 1 个 1，故返回 1。

3. 代码实现

相关代码如下：

```
public class Main {
    public static void main(String[ ] args) {
        int num = 32;
        System.out.println("输入");
        System.out.println(num);
        System.out.println("输出");
        System.out.println(countOnes(num));
    }
    public static int countOnes(int num) {
        int count = 0;
        while (num != 0) {
            num = num & (num - 1);
            count++;
        }
        return count;
    }
}
```

4. 运行结果

输入：32

输出：1

实例 245 切割木棍组成正三角形

1. 问题描述

给出 n 根木棍，木棍长度用整型数组表示。每次切割可以将 1 根木棍切成 2 段，每段的长度均为整数，且总长度和原木棍长度相等。请计算最少切割几次，才能从所有木棍中选出 3 根，组成一个正三角形。

2. 问题示例

输入：lengths=[2,3,7,5]

输出：2

3. 代码实现

相关代码如下：

```
import java.util.Arrays;
public class Main {
    public static void main(String[] args) {
        int[] lengths = {2, 3, 7, 5};
        System.out.println("输入");
        System.out.println(Arrays.toString(lengths));
        System.out.println("输出");
        System.out.println(makeEquilateralTriangle(lengths));
    }
    public static int makeEquilateralTriangle(int[] lengths) {
        for (int i = 0; i < lengths.length; i++) {
            int count = 0;
            int max = 0;
            for (int j = 0; j < lengths.length; j++) {
                if (lengths[j] > max) {
                    max = lengths[j];
                }
                if (lengths[j] == lengths[i] * 2) {
                    count = 2;
                    break;
                }
                if (lengths[i] == lengths[j]) {
                    count++;
                }
            }
            if (count == 3) {
                return 0;
            }
            if (count == 2 && lengths[i] < max) {
                return 1;
            }
        }
        return 2;
    }
}
```

4. 运行结果

输入：[2,3,7,5]

输出：2

实例 246 查找最大字母

1. 问题描述

给定一个由字母组成的字符串 *s*，若能找到大写和小写形式均出现在 *s* 中的字母，则返回此字母的大写形式；若存在多个答案，则返回字典序最大的字母；若不存在这样的字母，则返回 NO。

2. 问题示例

输入：*s*＝admeDCAB

输出：D

3. 代码实现

相关代码如下：

```
public class Main {
    public static void main(String[] args) {
        String s = "admeDCAB";
        System.out.println("输入");
        System.out.println(s);
        System.out.println("输出");
        System.out.println(largestLetter(s));
    }
    public static String largestLetter(String s) {
        long[] small = new long[26];
        long[] big = new long[26];
        for (int i = 0; i < s.length(); i++) {
            char ch = s.charAt(i);
            if ('a'<= ch && ch <= 'z') {
                small[ch - 'a']++;
            } else if ('A'<= ch && ch <= 'Z') {
                big[ch - 'A']++;
            }
        }
        for (int i = big.length - 1; i >= 0; i--) {
            if (big[i] > 0 && small[i] > 0)
                return (char) (i + 'A') + "";
        }
        return "NO";
    }
}
```

4. 运行结果

输入：admeDCAB

输出：D

实例 247　数组求和

1. 问题描述

给定一个数组 A，找出 A 中所有小于 $A[i]$ 的数字，求出这些数字之和并保存在 $B[i]$ 的位置上，得到新数组 B 并输出。注：数组 A 的长度为 n，$1 \leqslant n \leqslant 50000$，数组 A 中没有重复元素。

2. 问题示例

输入：arr=[2,4,8,3]

输出：[0,5,9,2]

注：给定数组中没有小于 2 的数字；小于 4 的数字有 2,3，和为 5；小于 8 的数字有 2,4,3，和为 9；小于 3 的数字只有 2，和为 2。

3. 代码实现

相关代码如下：

```
import java.util.Arrays;
public class Main {
    public static void main(String[] args) {
        int[] arr = {2, 4, 8, 3};
        System.out.println("输入");
        System.out.println(Arrays.toString(arr));
        System.out.println("输出");
        System.out.println(Arrays.toString(getSum(arr)));
    }
    public static int[] getSum(int[] arr) {
        if (arr == null || arr.length == 0) {
            return null;
        }
        int[] sums = new int[arr.length];
        for (int i = 0; i < arr.length; i++) {
            int cur = arr[i];
            int total = 0;
            for (int j : arr) {
                if (j < cur) {
                    total = total + j;
                }
            }
            sums[i] = total;
        }
        return sums;
    }
}
```

4. 运行结果

输入：[2,4,8,3]

输出：[0,5,9,2]

实例 248　检查未站队人数

1. 问题描述

给定学生身高数据，用数组 heights 表示。学生需根据身高升序排列，确定当前未站在正确位置上的学生人数。

2. 问题示例

输入：heights=[1,1,3,3,4,1]

输出：3

注：经过排序后 heights 变成[1,1,1,3,3,4]，有三个学生未站在正确的位置上。

3. 代码实现

相关代码如下：

```
import java.util.ArrayList;
import java.util.Arrays;
import java.util.Collections;
import java.util.List;
public class Main {
    public static void main(String[] args) {
        List < Integer > heights = Arrays.asList(new Integer[]{1, 1, 3, 3, 4, 1});
        System.out.println("输入");
        System.out.println(heights);
        System.out.println("输出");
        System.out.println(orderCheck(heights));
    }
    public static int orderCheck(List < Integer > heights) {
        ArrayList < Integer > alist = new ArrayList <>();
        for (int i = 0; i < heights.size(); i++) {
            alist.add(heights.get(i));
        }
        Collections.sort(heights);
        int res = 0;
        for (int i = 0; i < heights.size(); i++) {
            if (heights.get(i) != alist.get(i)) {
                res++;
            }
        }
        return res;
    }
}
```

4. 运行结果

输入：[1,1,3,3,4,1]

输出：3

实例 249 划分链表

1. 问题描述

给定一个单链表和数值 x,以 x 为界划分链表,使得所有小于 x 的节点均排在大于或等于 x 的节点之前,并返回划分后的链表。请保留两部分内链表节点原有的相对顺序。

2. 问题示例

输入：list=null,x=0

输出：null

3. 代码实现

相关代码如下：

```
public class Main {
    public static void main(String[] args) {
        System.out.println("输入");
        System.out.println("null");
        System.out.println(0);
        System.out.println("输出");
        listNodeOut(partition(null, 0));
    }
    public static ListNode partition(ListNode head, int x) {
        ListNode firstNode = new ListNode(-1);
        ListNode secondNode = new ListNode(-1);
        ListNode fNode = firstNode;
        ListNode sNode = secondNode;
        ListNode cur = head;
        while (cur != null) {
            ListNode next = cur.next;
            cur.next = null;
            if (cur.val < x) {
                fNode.next = cur;
                fNode = fNode.next;
            } else {
                sNode.next = cur;
                sNode = sNode.next;
            }
            cur = next;
        }
        fNode.next = secondNode.next;
        return firstNode.next;
    }
    public static void listNodeOut(ListNode head) {
        if (head == null) {
            System.out.println("null");
            return;
        }
```

```
            System.out.print(head.val);
            System.out.print("->");
            while (head.next != null) {
                head = head.next;
                System.out.print(head.val);
                System.out.print("->");
            }
            System.out.println("null");
        }
    }
    class ListNode {
        int val;
        ListNode next;
        ListNode(int x) {
            val = x;
            next = null;
        }
    }
```

4. 运行结果

输入：null　　0

输出：null

实例 250　棋子是否被攻击

1. 问题描述

在象棋棋盘上给定一个长度为 n 的二元数组 queen，代表 n 个皇后棋子的坐标。给定一个长度为 m 的二元数组 knight，代表 m 个马棋子的坐标。每个皇后可以攻击与其同行、同列或同一对角线上的任意棋子，请返回一个长度为 m 的答案数组，依次代表每个棋子是否会被攻击。

2. 问题示例

输入：queen=[[1,1],[2,2]]，knight=[[3,3],[1,3],[4,5]]

输出：[true,true,false]

注：第一个棋子可以被第一个和第二个皇后棋子攻击；第二个棋子可以被第一个皇后棋子和第二个皇后棋子攻击；第三个棋子不会被皇后棋子攻击。

3. 代码实现

相关代码如下：

```
import java.util.Arrays;
import java.util.HashMap;
public class Main {
    public static void main(String[] args) {
        int[][] queen = {{1, 1}, {2, 2}}, knight = {{3, 3}, {1, 3}, {4, 5}};
        System.out.println("输入");
```

```
        System.out.println(Arrays.deepToString(queen));
        System.out.println(Arrays.deepToString(knight));
        System.out.println("输出");
        System.out.println(Arrays.toString(isAttacked(queen, knight)));
    }
    public static boolean[] isAttacked(int[][] queen, int[][] knight) {
        int n = queen.length;
        int m = knight.length;
        HashMap<Integer, Boolean> Row = new HashMap<Integer, Boolean>();
        HashMap<Integer, Boolean> Column = new HashMap<Integer, Boolean>();
        HashMap<Integer, Boolean> Diagonal = new HashMap<Integer, Boolean>();
        HashMap<Integer, Boolean> Diagonal2 = new HashMap<Integer, Boolean>();
        for (int i = 0; i < n; i++) {
            Row.put(queen[i][0], true);
            Column.put(queen[i][1], true);
            Diagonal.put(queen[i][1] - queen[i][0], true);
            Diagonal2.put(queen[i][1] + queen[i][0], true);
        }
        boolean[] ans = new boolean[m];
        for (int i = 0; i < m; i++) {
            ans[i] = false;
            if (Row.containsKey(knight[i][0]) == true) {
                ans[i] = true;
            }
            if (Column.containsKey(knight[i][1]) == true) {
                ans[i] = true;
            }
            if (Diagonal.containsKey(knight[i][1] - knight[i][0]) == true) {
                ans[i] = true;
            }
            if (Diagonal2.containsKey(knight[i][1] + knight[i][0]) == true) {
                ans[i] = true;
            }
        }
        return ans;
    }
}
```

4. 运行结果

输入：[[1,1],[2,2]]   [[3,3],[1,3],[4,5]]

输出：[true,true,false]

实例 251 修改字符串

1. 问题描述

若一个字符串中的每个字符均为 1,则称该字符串为完美字符串。先给定一个只由 0、1 组成的字符串 s 和一个整数 k,可以对字符串 s 进行任意次操作,选择字符串 s 的一个长度不超过k的区间[l,r],将区间内的所有0修改成1,区间内所有的1修改成0。请问最少需要多少次操作,才可以将字符串s修改成一个完美字符串?

2. 问题示例

输入:s=10101,k=2

输出:2

注:①将字符串s在区间[1,2]内的所有0修改为1,所有1修改为0,得到11001;②将字符串s在区间[2,3]内的所有0修改为1,所有1修改为0,得到11111。故最少需要2次操作,返回2。

3. 代码实现

相关代码如下:

```java
public class Main {
    public static void main(String[] args) {
        String s = "10101";
        int k = 2;
        System.out.println("输入");
        System.out.println(s);
        System.out.println(k);
        System.out.println("输出");
        System.out.println(perfectString(s, k));
    }
    public static int perfectString(String s, int k) {
        int ans = 0, n = s.length(), len = 0;
        if (s.charAt(0) == '0') {
            ans = 1;
            len = 1;
        }
        for (int i = 1; i < n; i++) {
            if (s.charAt(i) == '0') {
                if (s.charAt(i) != s.charAt(i - 1)) {
                    ans++;
                    len = 1;
                } else {
                    if (len == k) {
                        ans++;
                        len = 1;
                    } else {
                        len++;
                    }
                }
            }
        }
        return ans;
    }
}
```

4. 运行结果

输入：10101　2

输出：2

实例 252　交叉数组

1. 问题描述

给定两个长度相同的数组 A 和 B，通过取数组 A 的第一个元素、数组 B 的第一个元素、数组 A 的第二个元素……，以此类推交叉进行，并将取得的元素依次放入新的数组中，形成交叉数组。返回得到的交叉数组。注：给定数组的长度小于或等于 10000。

2. 问题示例

输入：$A=[1,2]$,$B=[3,4]$

输出：[1,3,2,4]

3. 代码实现

相关代码如下：

```
import java.util.Arrays;
public class Main {
    public static void main(String[] args) {
        int[] A = {1, 2}, B = {3, 4};
        System.out.println("输入");
        System.out.println(Arrays.toString(A));
        System.out.println(Arrays.toString(B));
        System.out.println("输出");
        System.out.println(Arrays.toString(interleavedArray(A, B)));
    }
    public static int[] interleavedArray(int[] A, int[] B) {
        int aSize = A.length;
        int[] result = new int[2 * aSize];
        for (int i = 0; i < aSize; i++) {
            result[i * 2] = A[i];
            result[i * 2 + 1] = B[i];
        }
        return result;
    }
}
```

4. 运行结果

输入：[1,2]　[3,4]

输出：[1,3,2,4]

实例 253　数字两两配对

1. 问题描述

给定一个数组 nums，将其中的数两两配对，数组 sums 由配对后每组数字的和构成，要求 sums 的极差最小，请计算并返回最小的 sums 极差。注：极差是数组中最大值和最小值的差值。

2. 问题示例

输入：nums=[2,3,5,1]

输出：1

3. 代码实现

相关代码如下：

```java
import java.util.Arrays;
public class Main {
    public static void main(String[] args) {
        int[] nums = {2, 3, 5, 1};
        System.out.println("输入");
        System.out.println(Arrays.toString(nums));
        System.out.println("输出");
        System.out.println(digitalPairing(nums));
    }
    public static int digitalPairing(int[] nums) {
        Arrays.sort(nums);
        int length = nums.length;
        for (int i = 0; i < length / 2; ++i) {
            nums[i] = nums[i] + nums[length - 1 - i];
        }
        int max = nums[0], min = nums[0];
        for (int i = 0; i < length / 2; ++i) {
            if (max < nums[i]) max = nums[i];
            if (min > nums[i]) min = nums[i];
        }
        return max - min;
    }
}
```

4. 运行结果

输入：[2,3,5,1]

输出：1

实例 254　数组去重

1. 问题描述

给定一个长度为 N 的整数数组 arr，返回对 arr 去除重复元素之后的数组（去除重复元素后数组元素的相对顺序不变）。

2. 问题示例

输入：arr=[3,4,3,6]

输出：[3,4,6]

注：给定数组中元素 3 重复，所以只需要保留一个元素 3。去除重复元素后数组元素相对次序不变，故元素 4 在元素 3 后面，元素 6 在元素 3,4 后面。

3. 代码实现

相关代码如下：

```
import java.util.Arrays;
import java.util.LinkedHashSet;
import java.util.Set;
public class Main {
    public static void main(String[] args) {
        int[] arr = {3, 4, 3, 6};
        System.out.println("输入");
        System.out.println(Arrays.toString(arr));
        System.out.println("输出");
        getUniqueArray(arr);
    }
    public static int[] getUniqueArray(int[] arr) {
        Set<Integer> set = new LinkedHashSet<>();
        int arrayLens = arr.length;
        for (int i = 0; i < arrayLens; i++) {
            set.add(arr[i]);
        }
        int[] resultArray = new int[set.size()];
        int index = 0;
        for (Integer i : set) {
            resultArray[index] = i;
            index++;
        }
        System.out.println(Arrays.toString(resultArray));
        return resultArray;
    }
}
```

4. 运行结果

输入：[3,4,3,6]

输出：[3,4,6]

实例 255　序列相交

1. 问题描述

给定两个排序后的区间序列 a 和 b，序列内每个区间两两互不相交，请返回两个序列相交的区间的下标。注：$1 \leqslant \text{len}(a), \text{len}(b) \leqslant 1e5, \text{abs}(\max(a)) \leqslant 1e9$。

2. 问题示例

输入：$a=[[0,3],[7,10]]$，$b=[[-1,1],[2,8]]$

输出：ans=[[0,0],[0,1],[1,1]]

3. 代码实现

相关代码如下：

```java
import java.util.ArrayList;
import java.util.Arrays;
import java.util.LinkedList;
import java.util.List;
public class Main {
    public static void main(String[] args) {
        List<List<Integer>> a = new ArrayList<>();
        a.add(Arrays.asList(new Integer[]{0, 3}));
        a.add(Arrays.asList(new Integer[]{7, 10}));
        List<List<Integer>> b = new ArrayList<>();
        b.add(Arrays.asList(new Integer[]{-1, 1}));
        b.add(Arrays.asList(new Integer[]{2, 8}));
        System.out.println("输入");
        System.out.println(a);
        System.out.println(b);
        System.out.println("输出");
        System.out.println(intersection(a, b));
    }
    public static List<List<Integer>> intersection(List<List<Integer>> a, List<List<
Integer>> b) {
        List<List<Integer>> ans = new ArrayList<List<Integer>>();
        int i = 0, j = 0;
        while (i < a.size() && j < b.size()) {
            int lo = Math.max(a.get(i).get(0), b.get(j).get(0));
            int hi = Math.min(a.get(i).get(1), b.get(j).get(1));
            if (lo <= hi) {
                ans.add(new LinkedList<>(Arrays.asList(i, j)));
            }
            if (a.get(i).get(1) < b.get(j).get(1)) {
                i++;
            } else {
                j++;
            }
        }
```

```
        return ans;
    }
}
```

4. 运行结果

输入：[[0,3],[7,10]]　[[−1,1],[2,8]]

输出：[[0,0],[0,1],[1,1]]

实例 256　简化链表

1. 问题描述

给出一个字符链表，对其进行简化，并返回简化后的链表。简化的过程为：保留链表的头、尾节点，中间部分用中间的节点数的 ASCII 码代替，数字也用字符链表表示。

2. 问题示例

输入：list＝104→101→108→108→111→null

输出：104→51→111→null

注：101→108→108 共有 3 个节点，3 对应的 ASCII 码为 51，所以结果为 104→51→111→null。

3. 代码实现

相关代码如下：

```
public class Main {
    public static void main(String[] args) {
        ListNode listNode1 = new ListNode(104);
        ListNode listNode2 = new ListNode(101);
        ListNode listNode3 = new ListNode(108);
        ListNode listNode4 = new ListNode(108);
        ListNode listNode5 = new ListNode(111);
        listNode1.next = listNode2;
        listNode2.next = listNode3;
        listNode3.next = listNode4;
        listNode4.next = listNode5;
        System.out.println("输入");
        listNodeOut(listNode1);
        System.out.println("输出");
        listNodeOut(simplify(listNode1));
    }
    public static ListNode simplify(ListNode head) {
        ListNode curNode = head;
        int count = -2;
        ListNode tail = null;
        while (curNode != null) {
            ++count;
            tail = curNode;
            curNode = curNode.next;
```

```
        }
        ListNode pHead = head;
        ListNode currrentNode = pHead;
        String str = String.valueOf(count);
        char[] cs = str.toCharArray();
        for (int i = 0; i < cs.length; i++) {
            ListNode node = new ListNode(cs[i]);
            currrentNode.next = node;
            currrentNode = node;
        }
        currrentNode.next = tail;
        return pHead;
    }
    public static void listNodeOut(ListNode head) {
        if (head == null) {
            System.out.println("null");
            return;
        }
        System.out.print(head.val);
        System.out.print("->");
        while (head.next != null) {
            head = head.next;
            System.out.print(head.val);
            System.out.print("->");
        }
        System.out.println("null");
    }
}
class ListNode {
    int val;
    ListNode next;
    ListNode(int x) {
        val = x;
        next = null;
    }
}
```

4. 运行结果

输入：104→101→108→108→111→null

输出：104→51→111→null

实例 257　设计数据结构存储数字

1. 问题描述

请设计一个数据结构存放一系列数字，且要求该数据结构支持以下两种操作：①add(element)语句在数据结构中增加一个整数 element；②getSum()函数对数据结构中的整数求和。

2. 问题示例

输入：数据结构＝add(1)，add(2)，getSum()，add(4)，getSum()

输出：[3，7]

注：在加入两个数字1和2之后，求得的和是1＋2＝3；加入数字4之后，求得的和变成1＋2＋4＝7。

3. 代码实现

相关代码如下：

```
public class Main {
    public static void main(String[] args) {
        MyContainer myContainer = new MyContainer();
        myContainer.add(1);
        myContainer.add(2);
        int a = myContainer.getSum();
        myContainer.add(4);
        int b = myContainer.getSum();
        System.out.println("输入");
        System.out.println("add(1)");
        System.out.println("add(2)");
        System.out.println("getSum()");
        System.out.println("add(4)");
        System.out.println("getSum()");
        System.out.println("输出");
        System.out.println(a);
        System.out.println(b);
    }
}
class MyContainer {
    private int sum = 0;
    public void add(int element) {
        sum += element;
    }
    public int getSum() {
        return sum;
    }
}
```

4. 运行结果

输入：add(1)　add(2)　getSum()　add(4)　getSum()

输出：3　7

实例258　距离最近的城市

1. 问题描述

在一个二维平面上有许多城市，所有城市都有自己的名字 $c[i]$ 及位置坐标（$x[i]$，

$y[i]$)(i 为整数)。有 q 组询问,如果每组询问给出一个城市名字,请回答距离该城市最近的且 x 坐标或 y 坐标相同的城市名称。

2. 问题示例

输入:x=[3, 2, 1],y=[3, 2, 3],c=[c1, c2, c3],q=[c1, c2, c3]

输出:[c3, NONE, c1]

注:①对于 c1,c3 的 y 坐标与 c1 相同,且距离最近,为(3−1)+(3−3)=2。②对于 c2,没有城市和它的 x 坐标或 y 坐标相同。③对于 c3,c1 的 y 坐标与 c3 相同,且距离最近,为(3−1)+(3−3)=2。

3. 代码实现

相关代码如下:

```
import java.util.Arrays;
import java.util.ArrayList;
import java.util.HashMap;
import java.util.List;
public class Main {
    public static void main(String[] args) {
        int[] x = {3, 2, 1}, y = {3, 2, 3};
        String[] c = {"c1", "c2", "c3"}, q = {"c1", "c2", "c3"};
        System.out.println("输入");
        System.out.println(Arrays.toString(x));
        System.out.println(Arrays.toString(y));
        System.out.println(Arrays.toString(c));
        System.out.println(Arrays.toString(q));
        System.out.println("输出");
        System.out.println(Arrays.toString(nearestNeighbor(x, y, c, q)));
    }
    static class City {
        String name;
        int x;
        int y;
        public City(String name, int x, int y) {
            this.name = name;
            this.x = x;
            this.y = y;
        }
    }
    public static String[] nearestNeighbor(int[] x, int[] y, String[] c, String[] q) {
        String[] res = new String[q.length];
        HashMap<String, City> nameToCity = new HashMap<>();
        HashMap<Integer, List<City>> xToCity = new HashMap<>();
        HashMap<Integer, List<City>> yToCity = new HashMap<>();
        for (int i = 0; i < c.length; i++) {
            City city = new City(c[i], x[i], y[i]);
            nameToCity.put(c[i], city);
            xToCity.putIfAbsent(x[i], new ArrayList<City>());
            xToCity.get(x[i]).add(city);
```

```
            yToCity.putIfAbsent(y[i], new ArrayList<City>());
            yToCity.get(y[i]).add(city);
        }
        int i = 0;
        for (String qName : q) {
            City qCity = nameToCity.get(qName);
            int qX = qCity.x, qY = qCity.y;
            City closestYCity = findClosest(qY, xToCity.get(qX), false, qName),
closestXCity = findClosest(qX, yToCity.get(qY), true, qName);
            if (closestXCity == null && closestYCity == null) {
                res[i] = "NONE";
            } else if (closestXCity == null) {
                res[i] = closestYCity.name;
            } else if (closestYCity == null) {
                res[i] = closestXCity.name;
            } else {
                int diff = Math.abs(closestYCity.y) - Math.abs(closestXCity.x);
                if (diff == 0) {
                        res[i] = closestYCity.name.compareTo(closestXCity.name) < 0 ?
closestYCity.name : closestXCity.name;
                } else if (diff < 0) {
                    res[i] = closestYCity.name;
                } else {
                    res[i] = closestXCity.name;
                }
            }
            i++;
        }
        return res;
    }
    private static City findClosest(int p, List<City> cities, boolean isX, String name) {
        City closest = null;
        int closestDiff = Integer.MAX_VALUE;
        for (City c : cities) {
            int v = isX ? c.x : c.y;
            int diff = Math.abs(v - p);
            if (diff <= closestDiff && !c.name.equals(name)) {
                if ((diff == closestDiff && c.name.compareTo(closest.name) < 0) || diff <
closestDiff) {
                    closestDiff = diff;
                    closest = c;
                }
            }
        }
        return closest;
    }
}
```

4. 运行结果

输入：[3，2，1] [3，2，3] [c1，c2，c3] [c1，c2，c3]

输出：[c3，NONE，c1]

实例 259　统计爬楼梯的方式

1. 问题描述

某人要爬 n 层楼梯，他可以每次跳 1 步、2 步或 3 步。请实现一个方法，统计此人共有多少种不同的方式可以上到最顶层的楼梯。

2. 问题示例

输入：$n=3$

输出：4

注：共有 4 种方法，分别为 1 步、1 步、1 步，2 步、1 步，1 步、2 步，3 步。

3. 代码实现

相关代码如下：

```
public class Main {
    public static void main(String[] args) {
        int n = 3;
        System.out.println("输入");
        System.out.println(n);
        System.out.println("输出");
        System.out.println(climbStairs2(n));
    }
    public static int climbStairs2(int n) {
        int[] f = new int[n + 1];
        f[0] = 1;
        for (int i = 0; i <= n; i++)
            for (int j = 1; j <= 3; j++) {
                if (i >= j) {
                    f[i] += f[i - j];
                }
            }
        return f[n];
    }
}
```

4. 运行结果

输入：3

输出：4

实例 260　查找最大元素和的连续子数组

1. 问题描述

给定一个整数数组 A，找到一个该数组的具有最大元素和的连续子数组，并返回其最大元素和。注：要求子数组最少包含一个元素，且每个元素都必须是非负整数。

2. 问题示例

输入：$A=[1,2,-3,4,5,-6]$

输出：9

注：$A[0]=1,A[1]=2,A[0]+A[1]=3,A[3]=4,A[4]=5,A[3]+A[4]=9$。

3. 代码实现

相关代码如下：

```
import java.util.Arrays;
public class Main {
    public static void main(String[] args) {
        int[] A = {1, 2, -3, 4, 5, -6};
        System.out.println("输入");
        System.out.println(Arrays.toString(A));
        System.out.println("输出");
        System.out.println(maxNonNegativeSubArray(A));
    }
    public static int maxNonNegativeSubArray(int[] A) {
          int sum = 0;
        int maxSum = 0;
        boolean allNeg = true;
        for (int i = 0; i < A.length; i++) {
            if (A[i] >= 0) {
                sum += A[i];
                allNeg = false;
            } else {
                if (maxSum < sum) {
                    maxSum = sum;
                }
                sum = 0;
            }
        }
        if (allNeg) {
            return -1;
        }
        return maxSum > sum ? maxSum : sum;
    }
}
```

4. 运行结果

输入：[1,2,−3,4,5,−6]

输出：9

实例 261　通用子数组数量

1. 问题描述

给定一个由 2 或 4 组成的数组。如果给定数组的一个子数组(由数组中相邻的一组元素组成，且不为空）符合 2 和 4 被连续分组（如[4,2]，[2,4]，[4,4,2,2]，[2,2,4,4]，[4,4,4,2,2,2]等）的条件，则称其为通用子数组。子数组中 4 的个数等于 2 的个数，元素相同但位置不同的子数组视为不同子数组，例如数组[4, 2, 4, 2]中有两个[4, 2]子数组。返回给定数组中通用子数组的数量。

2. 问题示例

输入：array=[4, 4, 2, 2, 4, 2]

输出：4

注：匹配这两个条件的 4 个子数组包括[4,4,2,2]，[4,2]，[2,4]，[4,2]。注意，有两个子数组[4,2]，分别在索引 1～2 和 4～5 中。

3. 代码实现

相关代码如下：

```
import java.util.Arrays;
public class Main {
    public static void main(String[] args) {
        int[] array = {4, 4, 2, 2, 4, 2};
        System.out.println("输入");
        System.out.println(Arrays.toString(array));
        System.out.println("输出");
        System.out.println(subarrays(array));
    }
    public static int subarrays(int[] array) {
        if (array == null || array.length < 2) {
            return 0;
        }
        int ans = 0;
        int preNumLen = 0;
        int curNumLen = 1;
        for (int i = 1; i < array.length; i++) {
            if (array[i] != array[i - 1]) {
                preNumLen = curNumLen;
                curNumLen = 1;
            } else {
                curNumLen++;
            }
            if (preNumLen >= curNumLen) {
                ans++;
            }
        }
        return ans;
    }
}
```

4. 运行结果

输入：[4,4,2,2,4,2]

输出：4

实例 262　判断矩阵斜线上的元素是否相同

1. 问题描述

给定一个 $n \times n$ 的矩阵 matrix，如果矩阵中每条从左上到右下的斜线上的元素相同，则返回 true，否则返回 false。例如，给定矩阵

1， 2， 3

5， 1， 2

6， 5， 1

应该返回 true。

给定矩阵

1， 2， 3

2， 1， 5

6， 5， 1

应该返回 false。

注：$n \in [1,500]$。

2. 问题示例

输入：matrix=[[1，2，3]，[5，1，2]，[6，5，1]]

输出：true

注：矩阵中每条从左上到右下的斜线上的元素均相同，返回 true。

3. 代码实现

相关代码如下：

```
import java.util.Arrays;
public class Main {
    public static void main(String[] args) {
        int[][] matrix = {{1, 2, 3}, {5, 1, 2}, {6, 5, 1}};
        System.out.println("输入");
        System.out.println(Arrays.deepToString(matrix));
        System.out.println("输出");
        System.out.println(judgeSame(matrix));
    }
    public static boolean judgeSame(int[][] matrix) {
        int m = matrix.length, n = matrix[0].length;
        for (int i = 1; i < m; i++) {
            for (int j = 1; j < n; j++) {
                if (matrix[i][j] != matrix[i - 1][j - 1]) {
                    return false;
                }
            }
        }
        return true;
    }
}
```

4. 运行结果

输入：[[1,2,3],[5,1,2], [6,5,1]]

输出：true

实例 263　判断是否为子串

1. 问题描述

给出一个源字符串 sourceString 和一个目标字符串数组 targetStrings，判断目标字符串数组中的每个字符串是否为源字符串的子串。注：sum(len(targetStrings[i]))≤1000，len(sourceString)≤1000。

2. 问题示例

输入：sourceString＝abc，targetStrings＝[ab，cd]

输出：[true，false]

3. 代码实现

相关代码如下：

```
import java.util.Arrays;
public class Main {
    public static void main(String[] args) {
        String sourceString = "abc";
        String[] targetStrings = {"ab", "cd"};
        System.out.println("输入");
        System.out.println(sourceString);
        System.out.println(Arrays.toString(targetStrings));
        System.out.println("输出");
        System.out.println(Arrays.toString(whetherStringsAreSubstrings(sourceString, targetStrings)));
    }
    static boolean[] flag;
    static int index = 0;
    public static boolean[] whetherStringsAreSubstrings(String sourceString, String[] targetStrings) {
        flag = new boolean[targetStrings.length];
        for (int i = 0; i < targetStrings.length; i++) {
            isSourceString(sourceString, targetStrings[i]);
        }
        return flag;
    }
    public static void isSourceString(String sourceString, String targetString) {
        int M = sourceString.length();
        int N = targetString.length();
        for (int i = 0; i <= M - N; i++) {
            int j;
            for (j = 0; j < N; j++) {
                if (sourceString.charAt(i + j) != targetString.charAt(j))
```

```
                break;
            }
            if (j == N)
                flag[index] = true;
            break;
        }
        index++;
    }
}
```

4. 运行结果

输入：abc [ab,cd]

输出：[true,false]

实例 264 计算丢鸡蛋次数

1. 问题描述

一栋楼有 n 层高，鸡蛋若从 k 层或以上向下丢会被摔碎，从 k 层以下向下丢则不会被摔碎。现在给出两个鸡蛋，请问最少需要丢几次才能找到 k？

2. 问题示例

输入：$n=100$

输出：14

3. 代码实现

相关代码如下：

```
public class Main {
    public static void main(String[] args) {
        int n = 100;
        System.out.println("输入");
        System.out.println(n);
        System.out.println("输出");
        System.out.println(dropEggs(n));
    }
    public static int dropEggs(int n) {
        long index = 1;
        while (index * (index + 1) / 2 < n) {
            index = index * 2;
        }
        long start = 1;
        long end = index;
        while (start + 1 < end) {
            long mid = start + (end - start) / 2;
            if (mid * (mid + 1) / 2 >= n) {
                end = mid;
            } else {
```

```
                start = mid;
            }
        }
        if (start * (start + 1) / 2 >= n) {
            return (int)start;
        } else {
            return (int)end;
        }
    }
}
```

4. 运行结果

输入：100

输出：14

实例 265 将二叉树按照层级转化为链表

1. 问题描述

请设计一个算法，为二叉树的每层节点建立一个链表。也就是说，如果一棵二叉树有 D 层，那么需要创建 D 个链表。

2. 问题示例

输入：tree={1,2,3,4}

输出：[1→null,2→3→null,4→null]

注：输入二叉树如下。

```
    1
   / \
  2   3
 /
4
```

3. 代码实现

相关代码如下：

```
import java.util.ArrayList;
import java.util.LinkedList;
import java.util.List;
import java.util.Queue;
public class Main {
    public static void main(String[] args) {
        TreeNode treeNode1 = new TreeNode(1);
        TreeNode treeNode2 = new TreeNode(2);
        TreeNode treeNode3 = new TreeNode(3);
        TreeNode treeNode4 = new TreeNode(4);
        treeNode2.setLeft(treeNode4);
        treeNode1.setLeft(treeNode2);
        treeNode1.setRight(treeNode3);
        System.out.println("输入");
```

```
        System.out.println("{1,2,3,4}");
        System.out.println("输出");
        List<ListNode> list = binaryTreeToLists(treeNode1);
        List<List<Integer>> list2 = new ArrayList<>();
        for (int i = 0; i < list.size(); i++) {
            listNodeOut(list.get(i));
        }
    }
    public static List<ListNode> binaryTreeToLists(TreeNode root) {
        List<ListNode> list = new ArrayList<>();
        if (root == null) return list;
        Queue<TreeNode> q = new LinkedList<>();
        q.offer(root);
        while (!q.isEmpty()) {
            int size = q.size();
            ListNode head = new ListNode(-1);
            ListNode tail = head;
            for (int i = 0; i < size; i++) {
                TreeNode cur = q.poll();
                ListNode new_node = new ListNode(cur.val);
                tail.next = new_node;
                tail = tail.next;
                if (cur.left != null) q.offer(cur.left);
                if (cur.right != null) q.offer(cur.right);
            }
            list.add(head.next);
        }
        return list;
    }
    public static void listNodeOut(ListNode head) {
        if (head == null) {
            System.out.println("null");
            return;
        }
        System.out.print(head.val);
        System.out.print("->");
        while (head.next != null) {
            head = head.next;
            System.out.print(head.val);
            System.out.print("->");
        }
        System.out.println("null");
    }
}
class TreeNode {
    int val;
    public void setLeft(TreeNode left) {
        this.left = left;
    }
    public void setRight(TreeNode right) {
```

```
            this.right = right;
        }
        TreeNode left;
        TreeNode right;
        TreeNode(int x) {
            val = x;
        }
}
class ListNode {
        int val;
        ListNode next;
        ListNode(int x) {
            val = x;
            next = null;
        }
}
```

4. 运行结果

输入：{1,2,3,4}

输出：[1→null,2→3→null,4→null]

实例 266　求方程的根

1. 问题描述

给定一个方程 $ax^2+bx+c=0$，求其根。如果方程有两个根，则返回一个包含两个根的数组/列表。如果方程只有一个根，则返回包含一个根的数组/列表。如果方程没有根，则返回一个空数组/列表。

2. 问题示例

输入：$a=1$，$b=-2$，$c=1$

输出：[1]

注：方程有一个根，即 1，返回 [1]。

3. 代码实现

相关代码如下：

```
import java.util.Arrays;
public class Main {
    public static void main(String[] args) {
        double a = 1, b = -2, c = 1;
        System.out.println("输入");
        System.out.println(a);
        System.out.println(b);
        System.out.println(c);
        System.out.println("输出");
        System.out.println(Arrays.toString(rootOfEquation(a, b, c)));
    }
```

```
    public static double[] rootOfEquation(double a, double b, double c) {
        double delta = Math.sqrt(b * b - 4 * a * c);
        if (delta > 0) {
            double root1 = ( - b + delta) / (2 * a);
            double root2 = ( - b - delta) / (2 * a);
            return new double[]{Math.min(root1, root2), Math.max(root1, root2)};
        }
        if (delta == 0) {
            double root = ( - b) / (2 * a);
            return new double[]{root};
        }
        return new double[0];
    }
}
```

4. 运行结果

输入：1　−2　1

输出：[1]

实例 267　查找丢失的整数

1. 问题描述

在数组 A 中本应包含 $0 \sim n$ 的整数，但其中缺失了一个数。请编写代码找出丢失的整数。

2. 问题示例

输入：$A=[4,3,2,0,5]$

输出：1

3. 代码实现

相关代码如下：

```
import java.util.ArrayList;
public class Main {
    public static void main(String[] args) {
        ArrayList<BitInteger> array = new ArrayList<>();
        array.add(new BitInteger(4));
        array.add(new BitInteger(3));
        array.add(new BitInteger(2));
        array.add(new BitInteger(0));
        array.add(new BitInteger(5));
        System.out.println("输入");
        System.out.println("[4,3,2,0,5]");
        System.out.println("输出");
        System.out.println(findMissing(array));
    }
    public static int findMissing(ArrayList<BitInteger> array) {
```

```
        return findMissing(array, 0);
    }
    public static int findMissing(ArrayList<BitInteger> input, int column) {
        if (column >= BitInteger.INTEGER_SIZE) {
            return 0;
        }
        ArrayList<BitInteger> oneBits = new ArrayList<BitInteger>();
        ArrayList<BitInteger> zeroBits = new ArrayList<BitInteger>();
        for (BitInteger t : input) {
            if (t.fetch(column) == 0) {
                zeroBits.add(t);
            } else {
                oneBits.add(t);
            }
        }
        if (zeroBits.size() <= oneBits.size()) {
            int v = findMissing(zeroBits, column + 1);
            return (v << 1) | 0;
        } else {
            int v = findMissing(oneBits, column + 1);
            return (v << 1) | 1;
        }
    }
}
class BitInteger {
    public static int INTEGER_SIZE = 31;
    public int num;
    public BitInteger(int num) {
        this.num = num;
    }
    public int fetch(int j) {
        return (num / (int) Math.pow(2.0, (double) j)) % 2;
    }
}
```

4. 运行结果

输入：[4,3,2,0,5]

输出：1

实例 268　交换二进制数奇偶数位

1. 问题描述

请设计一个方法，用尽可能少的指令，将一个整数 x 的二进制表示中的奇数数位和偶数数位的数字进行交换(例如，数位 0 和数位 1 交换，数位 2 和数位 3 交换等)，并返回交换后的二进制数的十进制表示。

2. 问题示例

输入：$x=1$

输出：2

注：整数 1 的二进制表示为 01，交换奇偶数位后为 10，十进制表示为 2。

3. 代码实现

相关代码如下：

```
public class Main {
    public static void main(String[] args) {
        int x = 1;
        System.out.println("输入");
        System.out.println(x);
        System.out.println("输出");
        System.out.println(swapOddEvenBits(x));
    }
    public static int swapOddEvenBits(int x) {
        return (((x & 0xaaaaaaaa) >>> 1) | ((x & 0x55555555) << 1));
    }
}
```

4. 运行结果

输入：1

输出：2

实例 269　分解质因数

1. 问题描述

将一个整数分解为若干质因数的乘积，返回由这些质因数组成的数组。

2. 问题示例

输入：num＝10

输出：[2，5]

3. 代码实现

相关代码如下：

```
import java.util.ArrayList;
import java.util.List;
public class Main {
    public static void main(String[] args) {
        int num = 10;
        System.out.println("输入");
        System.out.println(num);
        System.out.println("输出");
        System.out.println(primeFactorization(num));
    }
    public static List<Integer> primeFactorization(int num) {
        List<Integer> factors = new ArrayList<Integer>();
        for (int i = 2; i * i <= num; i++) {
```

```
            while (num % i == 0) {
                num = num / i;
                factors.add(i);
            }
        }
        if (num != 1) {
            factors.add(num);
        }
        return factors;
    }
}
```

4. 运行结果

输入：10

输出：[2,5]

实例 270　求最长回文串的长度

1. 问题描述

给出一个包含大小写字母的字符串，求出由这些字母构成的最长回文串的长度。数据是大小写敏感的，也就是说，Aa 不被认为是一个回文串。注：假设字符串的长度不超过 100000。

2. 问题示例

输入：s＝abccccdd

输出：7

注：可以构建的最长回文串之一是 dccaccd。

3. 代码实现

相关代码如下：

```
public class Main {
    public static void main(String[ ] args) {
        String s = "abccccdd";
        System.out.println("输入");
        System.out.println(s);
        System.out.println("输出");
        System.out.println(longestPalindrome(s));
    }
    public static int longestPalindrome(String s) {
        int[ ] count = new int[128];
        int length = s.length();
        for (int i = 0; i < length; ++i) {
            char c = s.charAt(i);
            count[c]++;
        }
        int ans = 0;
```

```
        for (int v : count) {
            ans += v / 2 * 2;
            if (v % 2 == 1 && ans % 2 == 0) {
                ans++;
            }
        }
        return ans;
    }
}
```

4. 运行结果

输入：abccccdd

输出：7

实例 271　冰雹猜想

1. 问题描述

数学家曾提出冰雹猜想。对于任意一个自然数 N，如果它是偶数，将它变成 $N/2$；如果它是奇数，则将它变成 $3N+1$。按照这个法则进行运算，要求最终得到 1。试问，该数需要通过几轮变换，才会变成 1？注：$1\leqslant N\leqslant 1000$。

2. 问题示例

输入：num=4

输出：2

注：第一轮，4 是偶数，故将它变成 4/2，得到 2；第二轮，2 是偶数，故将它变成 2/2，得到 1，共需两轮变换，所以答案为 2。

3. 代码实现

相关代码如下：

```
public class Main {
    public static void main(String[] args) {
        int num = 4;
        System.out.println("输入");
        System.out.println(num);
        System.out.println("输出");
        System.out.println(getAnswer(num));
    }
    public static int getAnswer(int num) {
        int count = 0;
        while (num != 1) {
            if (num % 2 == 0) {
                num /= 2;
            } else {
                num = 3 * num + 1;
            }
```

```
                count++;
            }
            return count;
        }
}
```

4. 运行结果

输入：4

输出：2

实例 272　在排序链表中插入一个节点

1. 问题描述

请在排序链表中插入一个节点。

2. 问题示例

输入：tree＝1→4→6→8→null，val＝5

输出：1→4→5→6→8→null

3. 代码实现

相关代码如下：

```
public class Main {
    public static void main(String[ ] args) {
        ListNode listNode1 = new ListNode(1);
        ListNode listNode2 = new ListNode(4);
        ListNode listNode3 = new ListNode(6);
        ListNode listNode4 = new ListNode(8);
        int val = 5;
        listNode1.next = listNode2;
        listNode2.next = listNode3;
        listNode3.next = listNode4;
        System.out.println("输入");
        listNodeOut(listNode1);
        System.out.println(val);
        System.out.println("输出");
        listNodeOut((insertNode(listNode1, val)));
    }
    public static ListNode insertNode(ListNode head, int val) {
        ListNode node = new ListNode(val);
        ListNode dummy = new ListNode(0);
        dummy.next = head;
        head = dummy;
        while (head.next != null && head.next.val <= val) {
            head = head.next;
        }
        node.next = head.next;
        head.next = node;
```

```
        return dummy.next;
    }
    public static void listNodeOut(ListNode head) {
        if (head == null) {
            System.out.println("null");
            return;
        }
        System.out.print(head.val);
        System.out.print("->");
        while (head.next != null) {
            head = head.next;
            System.out.print(head.val);
            System.out.print("->");
        }
        System.out.println("null");
    }
}
class ListNode {
    int val;
    ListNode next;
    ListNode(int x) {
        val = x;
        next = null;
    }
}
```

4. 运行结果

输入：1→4→6→8→null，val=5

输出：1→4→5→6→8→null

实例 273　删除无序链表的重复项

1. 问题描述

请设计一种方法，从无序链表中删除重复项，保留重复项中第一次出现的节点，并输出删除重复项后的链表。

2. 问题示例

输入：list=1→2→1→3→3→5→6→3→null

输出：1→2→3→5→6→null

3. 代码实现

相关代码如下：

```
public class Main {
    public static void main(String[] args) {
        ListNode listNode1 = new ListNode(1);
        ListNode listNode2 = new ListNode(2);
```

```
        ListNode listNode3 = new ListNode(1);
        ListNode listNode4 = new ListNode(3);
        ListNode listNode5 = new ListNode(3);
        ListNode listNode6 = new ListNode(5);
        ListNode listNode7 = new ListNode(6);
        ListNode listNode8 = new ListNode(3);
        listNode1.next = listNode2;
        listNode2.next = listNode3;
        listNode3.next = listNode4;
        listNode4.next = listNode5;
        listNode5.next = listNode6;
        listNode6.next = listNode7;
        listNode7.next = listNode8;
        System.out.println("输入");
        listNodeOut(listNode1);
        System.out.println("输出");
        listNodeOut(removeDuplicates(listNode1));
    }
    public static ListNode removeDuplicates(ListNode head) {
        ListNode temp = head, result;
        while (temp != null && temp.next != null) {
            result = head;
            while (result != temp.next && result.val != temp.next.val) {
                result = result.next;
            }
            if (result != temp.next) {
                ListNode tt = temp.next;
                temp.next = tt.next;
                tt.next = null;
            } else {
                temp = temp.next;
            }
        }
        return head;
    }
    public static void listNodeOut(ListNode head) {
        if (head == null) {
            System.out.println("null");
            return;
        }
        System.out.print(head.val);
        System.out.print("->");
        while (head.next != null) {
            head = head.next;
            System.out.print(head.val);
            System.out.print("->");
        }
        System.out.println("null");
    }
}
```

```
class ListNode {
    int val;
    ListNode next;
    ListNode(int x) {
        val = x;
        next = null;
    }
}
```

4. 运行结果

输入：1→2→1→3→3→5→6→3→null

输出：1→2→3→5→6→null

实例 274 用 isSubstring 函数判断字符串的循环移动

1. 问题描述

给定字符串 $s1$ 和 $s2$，请设计一种方法，检验 $s2$ 是否为 $s1$ 的字符循环移动后的字符串。可以通过接口 Substring. isSubstring(s, t) 检验某个单词 t 是否为另一个单词 s 的子字符串。注：只能调用一次 Substring. isSubstring(s,t)接口。

2. 问题示例

输入：$s1$= waterbottle，$s2$=erbottlewat

输出：true

注：waterbottle 是 erbottlewat 的字符循环移动后的字符串。

3. 代码实现

相关代码如下：

```
public class Main {
    public static void main(String[] args) {
        String s1 = "waterbottle", s2 = "erbottlewat";
        System.out.println("输入");
        System.out.println(s1);
        System.out.println(s2);
        System.out.println("输出");
        System.out.println(isRotation(s1, s2));
    }
    public static boolean isRotation(String s1, String s2) {
        if (s1.length() != s2.length()) return false;
        if (s1.length() == 0 && s2.length() == 0) return false;
        int index = 1;
        for (; index <= s1.length(); index++) {
            if (!Substring.isSubstring(s1, s2.substring(0, index))) {
                break;
            }
        }
        if (index > s1.length()) index -= 1;
```

```
        if (Substring.isSubstring(s1, s2.substring(index - 1))) {
            return true;
        }
        return false;
    }
}
class Substring {
    public static boolean isSubstring(String s1, String s2) {
        int i = 0;
        int j = 0;
        while (i < s1.length() && j < s2.length()) {
            if (s1.charAt(i) == s2.charAt(j)) {
                i++;
                j++;
            } else {
                i = i - j + 1;
                j = 0;
            }
        }
        return j == s2.length();
    }
}
```

4. 运行结果

输入：waterbottle，erbottlewat

输出：true

实例 275　求矩阵的之字形遍历

1. 问题描述

给定一个包含 $m \times n$ 个元素的矩阵(m 行，n 列)，求该矩阵的之字形遍历。

2. 问题示例

输入：matrix=[[1]]

输出：[1]

3. 代码实现

相关代码如下：

```
import java.util.Arrays;
public class Main {
    public static void main(String[] args) {
        int[][] matrix = {{1}};
        System.out.println("输入");
        System.out.println(Arrays.deepToString(matrix));
        System.out.println("输出");
        System.out.println(Arrays.toString(printZMatrix(matrix)));
    }
```

```
    public static int[] printZMatrix(int[][] matrix) {
        int m = matrix.length;
        int n = matrix[0].length;
        int[] z = new int[m * n];
        int count = 0;
        for (int i = 0; i < m + n - 1; i++) {
            if (i % 2 == 0) {
                for (int t = 0; t <= i; t++) {
                    if (t < n && i - t < m) {
                        z[count++] = matrix[i - t][t];
                    }
                }
            } else {
                for (int t = 0; t <= i; t++) {
                    if (t < m && i - t < n) {
                        z[count++] = matrix[t][i - t];
                    }
                }
            }
        }
        return z;
    }
}
```

4. 运行结果

输入：[[1]]

输出：[1]

实例 276　将整数 *n* 的二进制表示转换为整数 *m* 的二进制表示

1. 问题描述

如果将整数 n 的二进制表示转换为整数 m 的二进制表示，需要改变多少位数字？n 和 m 均为 32 位的二进制整数。

2. 问题示例

输入：$n=31$，$m=14$

输出：2

注：31 的二进制表示是 11111，14 的二进制表示是 01110，故需要改变 2 位数字。

3. 代码实现

相关代码如下：

```
public class Main {
    public static void main(String[] args) {
        int n = 31, m = 14;
        System.out.println("输入");
```

```
        System.out.println(n);
        System.out.println(m);
        System.out.println("输出");
        System.out.println(bitSwapRequired(n, m));
    }
    public static int bitSwapRequired(int a, int b) {
        int n = a ^ b;
        int ret = 0;
        while (n != 0) {
            n = n & (n - 1);
            ret++;
        }
        return ret;
    }
}
```

4. 运行结果

输入：31　14

输出：2

实例 277　排序数组转换为高度最小的二叉搜索树

1. 问题描述

给定一个排序数组 A(元素从小到大排列)，将其转换为一棵高度最小的二叉搜索树。

2. 问题示例

输入：A=[]

输出：[]

注：二叉搜索树为空。

3. 代码实现

相关代码如下：

```
import java.util.ArrayList;
import java.util.Arrays;
import java.util.List;
public class Main {
    public static void main(String[] args) {
        int[] A = {};
        System.out.println("输入");
        System.out.println(Arrays.toString(A));
        System.out.println("输出");
        System.out.println(levelOrder(sortedArrayToBST(A)));
    }
    public static TreeNode sortedArrayToBST(int[] A) {
        if (A == null) {
            return null;
```

```
        }
        return helper(A, 0, A.length);
    }
    private static TreeNode helper(int[] A, int start, int end) {
        if (start >= end) {
            return null;
        }
        int mid = (start + end - 1) >> 1;
        TreeNode node = new TreeNode(A[mid]);
        node.left = helper(A, start, mid);
        node.right = helper(A, mid + 1, end);
        return node;
    }
    public static List<List<Integer>> levelOrder(TreeNode root) {
        List<List<Integer>> res = new ArrayList<>();
        if (root == null) {
            return res;
        }
        dfs(root, res, 0);
        return res;
    }
    private static void dfs(TreeNode root, List<List<Integer>> res, int level) {
        if (root == null) {
            return;
        }
        if (level == res.size()) {
            res.add(new ArrayList<>());
        }
        res.get(level).add(root.val);
        dfs(root.left, res, level + 1);
        dfs(root.right, res, level + 1);
    }
}
class TreeNode {
    int val;
    public void setLeft(TreeNode left) {
        this.left = left;
    }
    public void setRight(TreeNode right) {
        this.right = right;
    }
    TreeNode left;
    TreeNode right;
    TreeNode(int x) {
        val = x;
    }
}
```

4. 运行结果

输入：[]

输出：[]

实例 278　使用插入方式对链表进行排序

1. 问题描述

请用插入方式对链表进行排序。

2. 问题示例

输入：list＝0→null

输出：0→null

3. 代码实现

相关代码如下：

```
public class Main {
    public static void main(String[ ] args) {
        ListNode listNode1 = new ListNode(0);
        System.out.println("输入");
        listNodeOut(listNode1);
        System.out.println("输出");
        listNodeOut(insertionSortList(listNode1));
    }
    public static ListNode insertionSortList(ListNode head) {
        ListNode dummy = new ListNode(0);
        while (head != null) {
            ListNode adr = dummy;
            while (adr.next != null && adr.next.val < head.val) {
                adr = adr.next;
            }
            ListNode t = head.next;
            head.next = adr.next;
            adr.next = head;
            head = t;
        }
        return dummy.next;
    }
    public static void listNodeOut(ListNode head) {
        if (head == null) {
            System.out.println("null");
            return;
        }
        System.out.print(head.val);
        System.out.print("->");
        while (head.next != null) {
            head = head.next;
            System.out.print(head.val);
            System.out.print("->");
        }
        System.out.println("null");
    }
```

```
}
class ListNode {
    int val;
    ListNode next;
    ListNode(int x) {
        val = x;
        next = null;
    }
}
```

4. 运行结果

输入：0→null

输出：0→null

实例 279　删除数组中相同的数字

1. 问题描述

给定一个数组 nums 和一个值 val，删除数组中与值相同的数字，并返回得到的新数组。操作过程中数组元素的顺序可以改变。

2. 问题示例

输入：nums=[0,4,4,0,0,2,4,4]，val=4

输出：[0,0,0,2]

3. 代码实现

相关代码如下：

```
import java.util.Arrays;
public class Main {
    public static void main(String[] args) {
        int[] nums = {0, 4, 4, 0, 0, 2, 4, 4};
        int val = 4;
        System.out.println("输入");
        System.out.println(Arrays.toString(nums));
        System.out.println(val);
        System.out.println("输出");
        int left = removeElement(nums, val);
        System.out.println(Arrays.toString(Arrays.copyOfRange(nums, 0, left)));
    }
    public static int removeElement(int[] nums, int val) {
        int n = nums.length;
        int left = 0;
        for (int right = 0; right < n; right++) {
            if (nums[right] != val) {
                nums[left] = nums[right];
                left++;
            }
```

```
        }
        return left;
    }
}
```

4. 运行结果

输入：[0,4,4,0,0,2,4,4]　4

输出：[0,0,0,2]

实例 280　链表求和

1. 问题描述

如果有两个用链表表示的整数，其中链表的每个节点包含一个数字。数字按照在原来整数中相反的顺序存储，使得整数的最后一位数字位于链表的开头。请写出一个函数将两个整数相加，用链表形式返回和。

2. 问题示例

输入：list1＝3→1→5→null，list2＝5→9→2→null

输出：8→0→8→null

注：513＋295＝808，将 808 转换成链表：8→0→8→null。

3. 代码实现

相关代码如下：

```
public class Main {
    public static void main(String[] args) {
        ListNode listNode1 = new ListNode(3);
        ListNode listNode2 = new ListNode(1);
        ListNode listNode3 = new ListNode(5);
        ListNode listNode4 = new ListNode(5);
        ListNode listNode5 = new ListNode(9);
        ListNode listNode6 = new ListNode(2);
        listNode1.next = listNode2;
        listNode2.next = listNode3;
        listNode4.next = listNode5;
        listNode5.next = listNode6;
        System.out.println("输入");
        listNodeOut(listNode1);
        listNodeOut(listNode4);
        System.out.println("输出");
        listNodeOut(addLists(listNode1, listNode4));
    }
    public static ListNode addLists(ListNode l1, ListNode l2) {
        ListNode testNode = new ListNode(0);
        ListNode head = testNode;
```

```
        int carray = 0;
        while (l1 != null || l2 != null || carray != 0) {
            int temp = 0;
            if (l1 != null) {
                temp = temp + l1.val;
                l1 = l1.next;
            }
            if (l2 != null) {
                temp += l2.val;
                l2 = l2.next;
            }
            temp = carray + temp;
            ListNode nextNode = new ListNode(temp % 10);
            testNode.next = nextNode;
            testNode = nextNode;
            carray = temp / 10;
        }
        return head.next;
    }
    public static void listNodeOut(ListNode head) {
        if (head == null) {
            System.out.println("null");
            return;
        }
        System.out.print(head.val);
        System.out.print("->");
        while (head.next != null) {
            head = head.next;
            System.out.print(head.val);
            System.out.print("->");
        }
        System.out.println("null");
    }
}
class ListNode {
    int val;
    ListNode next;
    ListNode(int x) {
        val = x;
        next = null;
    }
}
```

4. 运行结果

输入：3→1→5→null　5→9→2→null

输出：8→0→8→null

实例 281　合并两个排序链表

1. 问题描述

请将两个排序(升序)链表合并为一个新的排序链表。

2. 问题示例

输入：list1＝null，list2＝0→3→3→null

输出：0→3→3→null

3. 代码实现

相关代码如下：

```
public class Main {
    public static void main(String[ ] args) {
        ListNode listNode1 = new ListNode(0);
        ListNode listNode2 = new ListNode(3);
        ListNode listNode3 = new ListNode(3);
        listNode1.next = listNode2;
        listNode2.next = listNode3;
        System.out.println("输入");
        listNodeOut(listNode1);
        System.out.println("输出");
        listNodeOut(mergeTwoLists(null, listNode1));
    }
    public static ListNode mergeTwoLists(ListNode l1, ListNode l2) {
        ListNode dummy = new ListNode(0);
        ListNode lastNode = dummy;
        while (l1 != null && l2 != null) {
            if (l1.val < l2.val) {
                lastNode.next = l1;
                l1 = l1.next;
            } else {
                lastNode.next = l2;
                l2 = l2.next;
            }
            lastNode = lastNode.next;
        }
        if (l1 != null) {
            lastNode.next = l1;
        } else {
            lastNode.next = l2;
        }
        return dummy.next;
    }
    public static void listNodeOut(ListNode head) {
        if (head == null) {
            System.out.println("null");
            return;
```

```
        }
        System.out.print(head.val);
        System.out.print(" ->");
        while (head.next != null) {
            head = head.next;
            System.out.print(head.val);
            System.out.print(" ->");
        }
        System.out.println("null");
    }
}
class ListNode {
    int val;
    ListNode next;
    ListNode(int x) {
        val = x;
        next = null;
    }
}
```

4. 运行结果

输入：null　　0→3→3→null

输出：0→3→3→null

实例 282　判断两个字符串是否为变位词

1. 问题描述

如果两个字符串可以通过改变字符顺序的方式变成相同的字符串，则这两个字符串为变位词。请写出一个函数 anagram(s,t)，判断给定的字符串是否为变位词。

2. 问题示例

输入：s=ab，t=ab

输出：true

3. 代码实现

相关代码如下：

```
public class Main {
    public static void main(String[] args) {
        String s = "ab", t = "ab";
        System.out.println("输入");
        System.out.println(s);
        System.out.println(t);
        System.out.println("输出");
        System.out.println(anagram(s, t));
    }
    public static boolean anagram(String s, String t) {
```

```
        int cor = 0, hash = 0;
        for (char c : s.toCharArray()) {
            cor ^ = c;
            hash += c * c % 26;
        }
        for (char c : t.toCharArray()) {
            cor ^ = c;
            hash -= c * c % 26;
        }
        return cor == 0 && hash == 0;
    }
}
```

4. 运行结果

输入：ab ab

输出：true

实例 283 判断字符串中是否没有重复字符

1. 问题描述

请实现一个算法确定字符串中的每个字符是否均唯一出现，没有与之重复的字符。

2. 问题示例

输入：str=abc_____

输出：false

3. 代码实现

相关代码如下：

```
public class Main {
    public static void main(String[] args) {
        String str = "abc_____";
        System.out.println("输入");
        System.out.println(str);
        System.out.println("输出");
        System.out.println(isUnique(str));
    }
    public static boolean isUnique(String str) {
        boolean[] char_set = new boolean[256];
        for (int i = 0; i < str.length(); i++) {
            int val = str.charAt(i);
            if (char_set[val]) return false;
            char_set[val] = true;
        }
        return true;
    }
}
```

4. 运行结果

输入：abc

输出：false

实例 284　合并区间

1. 问题描述

给定若干闭合区间，请合并所有区间并返回。注：保留最大区间。

2. 问题示例

输入：intervals=[(1,3)]

输出：[(1,3)]

3. 代码实现

相关代码如下：

```
import java.util.ArrayList;
import java.util.Arrays;
import java.util.List;
public class Main {
    public static void main(String[] args) {
        List<Interval> intervals = new ArrayList<>();
        intervals.add(new Interval(1, 3));
        System.out.println("输入");
        List<List<Integer>> input = new ArrayList<>();
        for (Interval i : intervals) {
            input.add(Arrays.asList(new Integer[]{i.start, i.end}));
        }
        System.out.println(input);
        System.out.println("输出");
        List<List<Integer>> result = new ArrayList<>();
        List<Interval> intervals2 = merge(intervals);
        for (Interval i : intervals2) {
            result.add(Arrays.asList(new Integer[]{i.start, i.end}));
        }
        System.out.println(result);
    }
    public static List<Interval> merge(List<Interval> intervals) {
        if (intervals == null || intervals.size() <= 1) {
            return intervals;
        }
        intervals.sort((o1, o2) -> o1.start - o2.start);
        List<Interval> ret = new ArrayList<>();
        Interval last = null;
        for (Interval item : intervals) {
            if (last == null || last.end < item.start) {
                ret.add(item);
```

```
                last = item;
            } else {
                last.end = Math.max(last.end, item.end);
            }
        }
        return ret;
    }
}
class Interval {
    public int start;
    public int end;
    public Interval(int start, int end) {
        this.start = start;
        this.end = end;
    }
}
```

4. 运行结果

输入：[(1,3)]

输出：[(1,3)]

实例 285　实现 x 的平方根

1. 问题描述

请实现函数 sqrt(int x)，计算并返回 x 的平方根。

2. 问题示例

输入：$x=0$

输出：0

3. 代码实现

相关代码如下：

```
public class Main {
    public static void main(String[] args) {
        int x = 0;
        System.out.println("输入");
        System.out.println(x);
        System.out.println("输出");
        System.out.println(sqrt(x));
    }
    public static int sqrt(int x) {
        if (x == 0) {
            return 0;
        }
        double C = x, x0 = x;
        while (true) {
            double xi = 0.5 * (x0 + C / x0);
```

```
            if (Math.abs(x0 - xi) < 1e-7) {
                break;
            }
            x0 = xi;
        }
        return (int) x0;
    }
}
```

4. 运行结果

输入：0

输出：0

实例 286　寻找元素之和为 0 的子数组

1. 问题描述

给定一个整数数组，请找出元素之和为 0 的子数组，并返回满足要求的子数组的起始位置和结束位置。

2. 问题示例

输入：nums=[-3，1，2，-3，4]

输出：[0,2]

注：返回任意元素和为 0 的子数组所在区间即可。

3. 代码实现

相关代码如下：

```
import java.util.ArrayList;
import java.util.Arrays;
import java.util.HashMap;
public class Main {
    public static void main(String[] args) {
        int[] nums = {-3, 1, 2, -3, 4};
        System.out.println("输入");
        System.out.println(Arrays.toString(nums));
        System.out.println("输出");
        System.out.println(subarraySum(nums));
    }
    public static ArrayList<Integer> subarraySum(int[] nums) {
        int len = nums.length;
        ArrayList<Integer> ans = new ArrayList<Integer>();
        HashMap<Integer, Integer> map = new HashMap<Integer, Integer>();
        map.put(0, -1);
        int sum = 0;
        for (int i = 0; i < len; i++) {
            sum += nums[i];
            if (map.containsKey(sum)) {
```

```
                ans.add(map.get(sum) + 1);
                ans.add(i);
                return ans;
            }
            map.put(sum, i);
        }
        return ans;
    }
}
```

4. 运行结果

输入：[−3,1,2,−3,4]

输出：[0,2]

实例 287　移动机器人不同路径的数量

1. 问题描述

有一个机器人位于 $m \times n$ 网格的左上角。机器人每一时刻只能向下或向右移动一步。机器人试图到达网格的右下角。现在考虑网格中有障碍物，请问会有多少条不同的路径？注：网格中的障碍物和空位置分别用 1 和 0 表示。

2. 问题示例

输入：obstacleGrid ＝ [[0]]

输出：1

3. 代码实现

相关代码如下：

```
import java.util.Arrays;
public class Main {
    public static void main(String[] args) {
        int[][] obstacleGrid = {{0}};
        System.out.println("输入");
        System.out.println(Arrays.deepToString(obstacleGrid));
        System.out.println("输出");
        System.out.println(uniquePathsWithObstacles(obstacleGrid));
    }
    public static int uniquePathsWithObstacles(int[][] obstacleGrid) {
        int n = obstacleGrid.length, m = obstacleGrid[0].length;
        if (n == 0 || m == 0) {
            return 0;
        }
        int[][] dp = new int[n][m];
        if (obstacleGrid[0][0] == 0) {
            dp[0][0] = 1;
        }
        for (int i = 0; i < n; i++) {
```

```
            for (int j = 0; j < m; j++) {
                if (i == 0 && j == 0) {
                    continue;
                }
                if (obstacleGrid[i][j] == 1) {
                    continue;
                }
                if (i == 0) {
                    dp[i][j] = dp[i][j - 1];
                    continue;
                }
                if (j == 0) {
                    dp[i][j] = dp[i - 1][j];
                    continue;
                }
                dp[i][j] = dp[i - 1][j] + dp[i][j - 1];
            }
        }
        return dp[n - 1][m - 1];
    }
}
```

4. 运行结果

输入：[[0]]

输出：1

实例 288 删除排序链表中的重复元素

1. 问题描述

给定一个排序链表，删除其所有的重复元素，每种元素只保留一个。注：链表长度小于或等于 30000。

2. 问题示例

输入：linked list=null

输出：null

3. 代码实现

相关代码如下：

```
public class Main {
    public static void main(String[] args) {
        System.out.println("输入");
        listNodeOut(null);
        System.out.println("输出");
        listNodeOut(deleteDuplicates(null));
    }
    public static ListNode deleteDuplicates(ListNode head) {
```

```
        ListNode node = head;
        while (node != null) {
            ListNode end = node;
            while (end.next != null && end.val == end.next.val) {
                end = end.next;
            }
            node.next = end.next;
            node = node.next;
        }
        return head;
    }
    public static void listNodeOut(ListNode head) {
        if (head == null) {
            System.out.println("null");
            return;
        }
        System.out.print(head.val);
        System.out.print("->");
        while (head.next != null) {
            head = head.next;
            System.out.print(head.val);
            System.out.print("->");
        }
        System.out.println("null");
    }
}
class ListNode {
    int val;
    ListNode next;
    ListNode(int x) {
        val = x;
        next = null;
    }
}
```

4. 运行结果

输入：null

输出：null

实例 289　判断两个输入流结果是否相等

1. 问题描述

给出输入流 inputA 和 inputB，如果两个输入流最后的结果相等，则输出 YES，否则输出 NO。输入字符只包括小写字母和符号<，输入流长度不超过 10000。

2. 问题示例

输入：inputA＝abcde <<，inputB ＝abcd < e <

输出：YES

注：inputA 和 inputB 最后的结果都为 abc，故返回 YES。

3. 代码实现

相关代码如下：

```
import java.util.Stack;
public class Main {
    public static void main(String[] args) {
        String inputA = "abcde<<", inputB = "abcd<e<";
        System.out.println("输入");
        System.out.println(inputA);
        System.out.println(inputB);
        System.out.println("输出");
        System.out.println(inputStream(inputA, inputB));
    }
    public static String inputStream(String inputA, String inputB) {
        Stack<Character> stackA = new Stack<>();
        Stack<Character> stackB = new Stack<>();
        char key = '<';
        for (Character c : inputA.toCharArray()) {
            if (c != key) {
                stackA.push(c);
            } else if (!stackA.isEmpty()) {
                stackA.pop();
            }
        }
        for (Character c : inputB.toCharArray()) {
            if (c != key) {
                stackB.push(c);
            } else if (!stackB.isEmpty()) {
                stackB.pop();
            }
        }
        //双栈弹出字符若不同,输入流结果则不同
        while (!stackA.isEmpty() && !stackB.isEmpty()) {
            if (!(stackA.pop() == stackB.pop())) {
                return "NO";
            }
        }
        return "YES";
    }
}
```

4. 运行结果

输入：abcde<<　abcd<e<

输出：YES

实例 290　查找数字之和为最小的路径

1. 问题描述

给定一个 $m \times n$ 的网格，每格内有一个非负整数。找到一条从左上角到右下角的，可以使路径上的数字之和为最小的路径，并返回此路径上的数字之和(最小路径和)。

2. 问题示例

输入：grid=[[1,3,1],[1,5,1],[4,2,1]]

输出：7

3. 代码实现

相关代码如下：

```
import java.util.Arrays;
public class Main {
    public static void main(String[] args) {
        int[][] grid = {{1, 3, 1}, {1, 5, 1}, {4, 2, 1}};
        System.out.println("输入");
        System.out.println(Arrays.deepToString(grid));
        System.out.println("输出");
        System.out.println(minPathSum(grid));
    }
    public static int minPathSum(int[][] grid) {
        if (grid == null) {
            return 0;
        }
        int m = grid.length;
        int n = grid[0].length;
        int[][] f = new int[m][n];
        f[0][0] = grid[0][0];
        for (int i = 1; i < m; i++) {
            f[i][0] = f[i - 1][0] + grid[i][0];
        }
        for (int j = 1; j < n; j++) {
            f[0][j] = f[0][j - 1] + grid[0][j];
        }
        for (int i = 1; i < m; i++) {
            for (int j = 1; j < n; j++) {
                f[i][j] = Math.min(f[i - 1][j], f[i][j - 1]) + grid[i][j];
            }
        }
        return f[m - 1][n - 1];
    }
}
```

4. 运行结果

输入：[[1,3,1],[1,5,1],[4,2,1]]

输出：7

实例 291　判断是否为平衡二叉树

1. 问题描述

给定一棵二叉树，判断它是否为平衡二叉树，即每个节点的两个子树的深度相差是否不超过 1。

2. 问题示例

输入：tree={1,2,3}

输出：true

3. 代码实现

相关代码如下：

```
import java.util.ArrayList;
import java.util.List;
public class Main {
    public static void main(String[] args) {
        TreeNode treeNode1 = new TreeNode(1);
        TreeNode treeNode2 = new TreeNode(2);
        TreeNode treeNode3 = new TreeNode(3);
        treeNode1.setLeft(treeNode2);
        treeNode1.setRight(treeNode3);
        System.out.println("输入");
        System.out.println("{1,2,3}");
        System.out.println("输出");
        System.out.println(isBalanced(treeNode1));
    }
    public static boolean isBalanced(TreeNode root) {
        if (null == root) {
            return true;
        }
        ResultType resultType = divideConquer(root);
        return resultType.isBalanced;
    }
    private static ResultType divideConquer(TreeNode node) {
        if (node == null) {
            return new ResultType(0, true);
        }
        ResultType leftResultType = divideConquer(node.left);
        ResultType rightResultType = divideConquer(node.right);
        int depth = Math.max(leftResultType.treeDepth, rightResultType.treeDepth) + 1;
         boolean isBalanced = leftResultType.isBalanced && rightResultType.isBalanced &&
Math.abs(leftResultType.treeDepth - rightResultType.treeDepth) <= 1;
        return new ResultType(depth, isBalanced);
    }
```

```
    public static List < List < Integer >> levelOrder(TreeNode root) {
        List < List < Integer >> res = new ArrayList <>();
        if (root == null) {
            return res;
        }
        dfs(root, res, 0);
        return res;
    }
    private static void dfs(TreeNode root, List < List < Integer >> res, int level) {
        if (root == null) {
            return;
        }
        if (level == res.size()) {
            res.add(new ArrayList <>());
        }
        res.get(level).add(root.val);
        dfs(root.left, res, level + 1);
        dfs(root.right, res, level + 1);
    }
}
class TreeNode {
    int val;
    public void setLeft(TreeNode left) {
        this.left = left;
    }
    public void setRight(TreeNode right) {
        this.right = right;
    }
    TreeNode left;
    TreeNode right;
    TreeNode(int x) {
        val = x;
    }
}
class ResultType {
    int treeDepth;
    boolean isBalanced;
    public ResultType(int treeDepth, boolean isBalanced) {
        this.isBalanced = isBalanced;
        this.treeDepth = treeDepth;
    }
}
```

4. 运行结果

输入：{1,2,3}

输出：true

实例 292　寻找落单的数字

1. 问题描述

给出由 $2Cn+1$ 个数字组成的数组 A，除其中一个落单的数字之外，其他数字均出现 2 次，请找到这个落单的数字。注：$n \leqslant 100$。

2. 问题示例

输入：$A=[1,1,2,2,3,4,4]$

输出：3

3. 代码实现

相关代码如下：

```
import java.util.Arrays;
public class Main {
    public static void main(String[] args) {
        int[] A = {1, 1, 2, 2, 3, 4, 4};
        System.out.println("输入");
        System.out.println(Arrays.toString(A));
        System.out.println("输出");
        System.out.println(singleNumber(A));
    }
    public static int singleNumber(int[] A) {
        if (A == null || A.length == 0) {
            return -1;
        }
        int rst = 0;
        for (int i = 0; i < A.length; i++) {
            rst ^= A[i];
        }
        return rst;
    }
}
```

4. 运行结果

输入：[1,1,2,2,3,4,4]

输出：3

实例 293　查找中位数

1. 问题描述

给定一个未排序的整数数组，找到其中的中位数。中位数是元素升序排列后数组的中间值，如果数组的元素个数是偶数，则返回排序后数组的第 $N/2$ 个元素。注：数组大小不超过 10000。

2. 问题示例

输入：nums=[4,5,1,2,3]

输出：3

3. 代码实现

相关代码如下：

```
import java.util.Arrays;
public class Main {
    public static void main(String[] args) {
        int[] nums = {4, 5, 1, 2, 3};
        System.out.println("输入");
        System.out.println(Arrays.toString(nums));
        System.out.println("输出");
        System.out.println(median(nums));
    }
    public static int median(int[] nums) {
        return partition(nums, 0, nums.length - 1, (nums.length + 1) / 2 - 1);
    }
    private static int partition(int[] nums, int left, int right, int k) {
        if (left == right) {
            return nums[k];
        }
        int start = left;
        int end = right;
        int pivot = nums[(end - start) / 2 + start];
        while (start <= end) {
            while (nums[start] < pivot && start <= end) {
                start++;
            }
            while (nums[end] > pivot && start <= end) {
                end--;
            }
            if (start <= end) {
                int temp = nums[start];
                nums[start] = nums[end];
                nums[end] = temp;
                start++;
                end--;
            }
        }
        if (k <= end) {
            return partition(nums, left, end, k);
        } else if (k >= start) {
            return partition(nums, start, right, k);
        }
        return nums[k];
    }
}
```

4. 运行结果

输入：[4,5,1,2,3]

输出：3

实例294　二叉树的层次遍历

1. 问题描述

给出一棵二叉树，返回其节点值的层次遍历。层次遍历即从二叉树的根节点开始，从上往下逐层遍历，同一层中的节点按从左向右的顺序遍历。

2. 问题示例

输入：tree={1,2,3}

输出：[[1],[2,3]]

3. 代码实现

相关代码如下：

```
import java.util.ArrayList;
import java.util.List;
public class Main {
    public static void main(String[] args) {
        TreeNode treeNode1 = new TreeNode(1);
        TreeNode treeNode2 = new TreeNode(2);
        TreeNode treeNode3 = new TreeNode(3);
        treeNode1.setLeft(treeNode2);
        treeNode1.setRight(treeNode3);
        System.out.println("输入");
        System.out.println("{1,2,3}");
        System.out.println("输出");
        System.out.println(levelOrder(treeNode1));
    }
    public static List<List<Integer>> levelOrder(TreeNode root) {
        List<List<Integer>> res = new ArrayList<>();
        if (root == null) {
            return res;
        }
        dfs(root, res, 0);
        return res;
    }
    private static void dfs(TreeNode root, List<List<Integer>> res, int level) {
        if (root == null) {
            return;
        }
        if (level == res.size()) {
            res.add(new ArrayList<>());
        }
        res.get(level).add(root.val);
```

```
            dfs(root.left, res, level + 1);
            dfs(root.right, res, level + 1);
        }
    }
class TreeNode {
    int val;
    public void setLeft(TreeNode left) {
        this.left = left;
    }
    public void setRight(TreeNode right) {
        this.right = right;
    }
    TreeNode left;
    TreeNode right;
    TreeNode(int x) {
        val = x;
    }
}
```

4. 运行结果

输入：{1,2,3}

输出：[[1],[2,3]]

实例 295　二叉树的后序遍历

1. 问题描述

给出一棵二叉树，返回其节点值的后序遍历。后序遍历即先遍历二叉树的左子树节点，再遍历右子树节点，最后遍历根节点。

2. 问题示例

输入：tree={1,2,3}

输出：[2,3,1]

3. 代码实现

相关代码如下：

```
import java.util.LinkedList;
import java.util.List;
import java.util.Stack;
public class Main {
    public static void main(String[] args) {
        TreeNode treeNode1 = new TreeNode(1);
        TreeNode treeNode2 = new TreeNode(2);
        TreeNode treeNode3 = new TreeNode(3);
        treeNode1.setLeft(treeNode2);
        treeNode1.setRight(treeNode3);
        System.out.println("输入");
```

```
        System.out.println("{1,2,3}");
        System.out.println("输出");
        System.out.println(postorderTraversal(treeNode1));
    }
    public static List<Integer> postorderTraversal(TreeNode root) {
        LinkedList<Integer> result = new LinkedList<>();
        if (root == null) return result;
        Stack<TreeNode> stack = new Stack<>();
        stack.push(root);
        while (!stack.isEmpty()) {
            TreeNode top = stack.pop();
            result.add(0, top.val);
            if (top.left != null) stack.push(top.left);
            if (top.right != null) stack.push(top.right);
        }
        return result;
    }
}
class TreeNode {
    int val;
    public void setLeft(TreeNode left) {
        this.left = left;
    }
    public void setRight(TreeNode right) {
        this.right = right;
    }
    TreeNode left;
    TreeNode right;
    TreeNode(int x) {
        val = x;
    }
}
```

4. 运行结果

输入：{1,2,3}

输出：[2,3,1]

实例 296　二叉树的中序遍历

1. 问题描述

给出一棵二叉树，请返回其节点值的中序遍历。中序遍历即先遍历二叉树的左子树，再遍历根节点，最后遍历右子树。

2. 问题示例

输入：tree={1,2,3}

输出：[2,1,3]

3. 代码实现

相关代码如下：

```
import java.util.ArrayList;
import java.util.List;
public class Main {
    public static void main(String[] args) {
        TreeNode treeNode1 = new TreeNode(1);
        TreeNode treeNode2 = new TreeNode(2);
        TreeNode treeNode3 = new TreeNode(3);
        treeNode1.setLeft(treeNode2);
        treeNode1.setRight(treeNode3);
        System.out.println("输入");
        System.out.println("{1,2,3}");
        System.out.println("输出");
        System.out.println(inorderTraversal(treeNode1));
    }
    public static List<Integer> inorderTraversal(TreeNode root) {
        List<Integer> result = new ArrayList<Integer>();
        traverse(root, result);
        return result;
    }
    private static void traverse(TreeNode root, List<Integer> result) {
        if (root == null) {
            return;
        }
        traverse(root.left, result);
        result.add(root.val);
        traverse(root.right, result);
    }
}
class TreeNode {
    int val;
    public void setLeft(TreeNode left) {
        this.left = left;
    }
    public void setRight(TreeNode right) {
        this.right = right;
    }
    TreeNode left;
    TreeNode right;
    TreeNode(int x) {
        val = x;
    }
}
```

4. 运行结果

输入：{1,2,3}

输出：[2,1,3]

实例 297　二叉树的前序遍历

1. 问题描述

给出一棵二叉树，请返回其节点值的前序遍历。前序遍历即先遍历二叉树的根节点，再遍历左子树节点，最后遍历右子树节点。

2. 问题示例

输入：tree={1,2,3}

输出：[1,2,3]

3. 代码实现

相关代码如下：

```
import java.util.ArrayList;
import java.util.List;
public class Main {
    public static void main(String[] args) {
        TreeNode treeNode1 = new TreeNode(1);
        TreeNode treeNode2 = new TreeNode(2);
        TreeNode treeNode3 = new TreeNode(3);
        treeNode1.setLeft(treeNode2);
        treeNode1.setRight(treeNode3);
        System.out.println("输入");
        System.out.println("{1,2,3}");
        System.out.println("输出");
        System.out.println(preorderTraversal(treeNode1));
    }
    public static List<Integer> preorderTraversal(TreeNode root) {
        List<Integer> result = new ArrayList<>();
        traversal(root, result);
        return result;
    }
    private static void traversal(TreeNode node, List<Integer> result) {
        if (node == null) return;
        result.add(node.val);
        traversal(node.left, result);
        traversal(node.right, result);
    }
}
class TreeNode {
    int val;
    public void setLeft(TreeNode left) {
        this.left = left;
    }
    public void setRight(TreeNode right) {
        this.right = right;
    }
```

```
        TreeNode left;
        TreeNode right;
        TreeNode(int x) {
            val = x;
        }
    }
```

4. 运行结果

输入：{1,2,3}

输出：[1,2,3]

实例 298　合并排序整数数组

1. 问题描述

请合并两个排序的整数数组 A 和 B，将其变成一个新的数组。

将数组 B 合并到数组 A 的后面，可以假设 A 具有足够的空间(A 数组大于或等于 $m+n$)去添加 B 中的元素，数组 A 和 B 分别含有 m 和 n 个数。返回得到的新数组。

2. 问题示例

输入：$A=\{1, 2, 3, 0, 0\}$, $B=\{4, 5\}$, $m=3$, $n=2$

输出：[1, 2, 3, 4, 5]

3. 代码实现

相关代码如下：

```
import java.util.Arrays;
public class Main {
    public static void main(String[] args) {
        int[] A = {1, 2, 3, 0, 0}, B = {4, 5};
        int m = 3, n = 2;
        System.out.println("输入");
        System.out.println(Arrays.toString(A));
        System.out.println(m);
        System.out.println(Arrays.toString(B));
        System.out.println(n);
        System.out.println("输出");
        mergeSortedArray(A, m, B, n);
        System.out.println(Arrays.toString(A));
    }
    public static void mergeSortedArray(int[] A, int m, int[] B, int n) {
        int index = m + n - 1;
        int index1 = m - 1;
        int index2 = n - 1;
        while (index1 >= 0 && index2 >= 0) {
            if (A[index1] > B[index2]) {
                A[index--] = A[index1--];
            } else {
```

```
                A[index--] = B[index2--];
            }
        }
        while (index2 >= 0) {
            A[index--] = B[index2--];
        }
    }
}
```

4. 运行结果

输入：[1，2，3，0，0]　[4，5]　3　2

输出：[1，2，3，4，5]

实例 299　在整数数组中找两数之和等于给定数的数

1. 问题描述

给定一个长度为 n 的整数数组，从中找到两个数，要求二者的和等于一个给定数 target。通过函数 twoSum 返回这两个数的下标，第一个数的下标需小于第二个数的下标。注：下标的范围是 $0 \sim n-1$。

2. 问题示例

输入：numbers=[2,7,11,15]，target=9

输出：[0,1]

3. 代码实现

相关代码如下：

```
import java.util.Arrays;
import java.util.Comparator;
public class Main {
    public static void main(String[] args) {
        int[] numbers = {2, 7, 11, 15};
        int target = 9;
        System.out.println("输入");
        System.out.println(Arrays.toString(numbers));
        System.out.println(target);
        System.out.println("输出");
        System.out.println(Arrays.toString(twoSum(numbers, target)));
    }
    public static int[] twoSum(int[] numbers, int target) {
        Pair[] number = new Pair[numbers.length];
        for (int i = 0; i < numbers.length; i++) {
            number[i] = new Pair(numbers[i], i);
        }
        Arrays.sort(number, new ValueComparator());
        int L = 0, R = numbers.length - 1;
        while (L < R) {
```

```
                if (number[L].getValue() + number[R].getValue() == target) {
                    int t1 = number[L].index;
                    int t2 = number[R].index;
                    int[] result = {Math.min(t1, t2), Math.max(t1, t2)};
                    return result;
                }
                if (number[L].getValue() + number[R].getValue() < target) {
                    L++;
                } else {
                    R--;
                }
            }
            int[] res = {};
            return res;
        }
}
class Pair {
    Integer value;
    Integer index;
    Pair(Integer value, Integer index) {
        this.value = value;
        this.index = index;
    }
    Integer getValue() {
        return this.value;
    }
}
class ValueComparator implements Comparator<Pair> {
    @Override
    public int compare(Pair o1, Pair o2) {
        return o1.getValue().compareTo(o2.getValue());
    }
}
```

4. 运行结果

输入：[2,7,11,15] 9

输出：[0,1]

实例 300　查找主元素

1. 问题描述

给定一个整型数组，找出其主元素。主元素即在数组中出现次数大于元素总数的二分之一的元素。

2. 问题示例

输入：nums=[1,1,1,1,2,2,2]

输出：1

3. 代码实现

相关代码如下：

```
import java.util.Arrays;
import java.util.List;
public class Main {
    public static void main(String[] args) {
        List<Integer> nums = Arrays.asList(new Integer[]{1, 1, 1, 1, 2, 2, 2});
        System.out.println("输入");
        System.out.println(nums);
        System.out.println("输出");
        System.out.println(majorityNumber(nums));
    }
    public static int majorityNumber(List<Integer> nums) {
        int currentMajor = 0;
        int count = 0;
        for (Integer num : nums) {
            if (count == 0) {
                currentMajor = num;
            }
            if (num == currentMajor) {
                count++;
            } else {
                count--;
            }
        }
        return currentMajor;
    }
}
```

4. 运行结果

输入：[1,1,1,1,2,2,2]

输出：1

参 考 文 献

[1] 明日科技. Java从入门到精通[M]. 6版. 北京：清华大学出版社，2021.

[2] Lafore R. Java数据结构和算法[M]. 2版. 计晓云，赵研，曾希，等译. 北京：中国电力出版社，2007.

[3] Cormen T H，Leiserson C E，Rivest R L，et al. 算法导论[M]. 殷建平，徐云，王刚，等译. 3版. 北京：机械工业出版社，2012.